五年制高职专用教材

电工工艺与技术训练

主　编　丁　宁　王　矾
副主编　李媛媛　张兆朋
参　编　陈福云　蔡小全
　　　　邵　琳　孙琪琳（企业）
主　审　邵春祥

北京理工大学出版社
BEIJING INSTITUTE OF TECHNOLOGY PRESS

内 容 简 介

本书遵循江苏联合职业技术学院专业指导性人才培养方案，根据最新制定的《电工工艺与技术训练》课程标准、电工职业资格标准和学生未来岗位能力要求编写而成。本书内容包括安全用电认知、电路基础认知、电工工具与材料认知、电工测量仪表应用认知、机床电气与拖动技术认知、电气控制图认知、设备常见电气故障处理认知，共计7单元。通过学习，让学生了解电工的概念，知道电工训练的基本过程及应用特点，熟悉电工工具的使用及功能，能初步识读基础电工的电路图，并能说各个元器件的作用；会根据要求，正确装接电路，并且熟练布线，调试和维修。着重培养学生安全规范操作的意识和认真细致的工作作风，使其成为具有创新精神和实践能力的高素质技术人才，并为后续课程的学习打下基础。

本书可作为机电一体化技术、电气自动化技术等高等院校、高职院校专业教材，也可供生产、管理及其他技术人员参考。为便于教学，本书配套电子课件、电子教案、习题及答案等教学资源。

版权专有　侵权必究

图书在版编目（CIP）数据

电工工艺与技术训练／丁宁，王矾主编. -- 北京：北京理工大学出版社，2024.1（2024.10重印）
ISBN 978-7-5763-3931-4

Ⅰ．①电… Ⅱ．①丁… ②王… Ⅲ．①电工技术
Ⅳ．①TM

中国国家版本馆 CIP 数据核字（2024）第 091056 号

责任编辑：王卓然	**文案编辑**：王卓然
责任校对：周瑞红	**责任印制**：李志强

出版发行 ／	北京理工大学出版社有限责任公司
社　　址 ／	北京市丰台区四合庄路 6 号
邮　　编 ／	100070
电　　话 ／	（010）68914026（教材售后服务热线）
	（010）63726648（课件资源服务热线）
网　　址 ／	http://www.bitpress.com.cn

版 印 次 ／	2024 年 10 月第 1 版第 2 次印刷
印　　刷 ／	涿州市新华印刷有限公司
开　　本 ／	787 mm × 1092 mm　1/16
印　　张 ／	13
字　　数 ／	298 千字
定　　价 ／	42.00 元

图书出现印装质量问题，请拨打售后服务热线，负责调换

出 版 说 明

五年制高等职业教育（简称五年制高职）是指以初中毕业生为招生对象，融中高职于一体，实施五年贯通培养的专科层次职业教育，是现代职业教育体系的重要组成部分。

江苏是最早探索五年制高职教育的省份之一，江苏联合职业技术学院作为江苏五年制高职教育的办学主体，经过20年的探索与实践，在培养大批高素质技术技能人才的同时，在五年制高职教学标准体系建设及教材开发等方面积累了丰富的经验。"十三五"期间，江苏联合职业技术学院组织开发了600多种五年制高职专用教材，覆盖了16个专业大类，其中178种被认定为"十三五"国家规划教材，学院教材工作得到国家教材委员会办公室认可并以"江苏联合职业技术学院探索创新五年制高等职业教育教材建设"为题编发了《教材建设信息通报》（2021年第13期）。

"十四五"期间，江苏联合职业技术学院将依据"十四五"教材建设规划进一步提升教材建设与管理的专业化、规范化和科学化水平。一方面将与全国五年制高职发展联盟成员单位共建共享教学资源，另一方面将与高等教育出版社、凤凰职业图书有限公司等多家出版社联合共建五年制高职教育教材研发基地，共同开发五年制高职专用教材。

本套"五年制高职专用教材"以习近平新时代中国特色社会主义思想为指导，落实立德树人的根本任务，坚持正确的政治方向和价值导向，弘扬社会主义核心价值观。教材依据教育部《职业院校教材管理办法》和江苏省教育厅《江苏省职业院校教材管理实施细则》等要求，注重系统性、科学性和先进性，突出实践性和适用性，体现职业教育类型特色。教材遵循长学制贯通培养的教育教学规律，坚持一体化设计，契合学生知识获得、技能习得的累积效应，结构严谨，内容科学，适合五年制高职学生使用。教材遵循五年制高职学生生理成长、心理成长、思想成长跨度大的特征，体例编排得当，针对性强，是为五年制高职教育量身打造的"五年制高职专用教材"。

江苏联合职业技术学院
教材建设与管理工作领导小组
2022 年 9 月

前　　言

　　为贯彻落实党的二十大精神，遵循江苏联合职业技术学院专业指导性人才培养方案，本书根据最新制定的《电工工艺与技术训练》课程标准编写而成，适用于机电一体化技术、电气自动化技术等自动化类专业学习使用，是综合性较强的专业（群）平台课程和实用课程用书，可以为培养德智体美劳全面发展的社会主义建设者和接班人提供有力支撑。

　　本书共分为7个单元，通过学习本书，可以让学生了解电工的概念，知道电工训练的基本过程及应用特点，熟悉电工工具的使用及功能，能够初步识读基础电气的电路图，了解各个元器件的作用；能够根据要求，正确安装连接电路，并且熟练布线、调试和维修。本书着重培养学生安全规范操作的意识和认真细致的工作作风，使之成为具有创新精神和实践能力的高素质技术人才，并为后续课程的学习打下基础。

　　本书具有以下鲜明特点。

　　（1）本书围绕专业培养目标，根据本课程在专业教学中的作用、地位，以就业为导向，以能力为本位，以学生将来从事职业岗位必备的相关知识为依据，兼顾学生将来的发展需求理念编写而成。

　　（2）本书结构以相关岗位必备的电工基础知识和实用技能为主线，尽量减少复杂的计算和原理推演。本书主要内容包括安全用电认知、电路基础认知、电工工具与材料认知、电工测量仪表使用认知、机床电气与拖动技术认知、电气控制图认知、设备常见电气故障处理认知。

　　（3）本书以学生的行动能力为出发点组织教材，体现以能力为本位的职教理念。

　　（4）本书课程设计结合多种先进教学方法，即现场教学、实训教学、项目教学、理论实践一体化教学等紧密结合，便于教师教学和学生使用。

　　本书由江苏联合职业技术学院淮安生物工程分院丁宁、王矾担任主编，淮安生物工程分院李媛媛、张兆朋担任副主编，淮安生物工程分院陈福云、蔡小全、邵琳和淮安固佳金属制品有限公司孙琪琳参与编写，淮安生物工程分院邵春祥负责主审。本书在编写过程中得到其他学校教师的关心、指导和修改建议，在此一并表示衷心的感谢。

　　由于编者水平有限，书中难免存在错漏和不完善之处，恳请各位读者提出宝贵意见，以便修订改正。

编　者
2024年4月

目 录

单元一 安全用电认知 ······· 1
　　模块 1.1　电气危害辨析 ······· 2
　　模块 1.2　电气安全规范 ······· 7
　　　　学生工作页 ······· 13

单元二 电路基础认知 ······· 14
　　模块 2.1　电路和电路模型建立 ······· 15
　　模块 2.2　直流电路 ······· 16
　　模块 2.3　正弦交流电路 ······· 26
　　　　学生工作页 ······· 38

单元三 电工工具与材料认知 ······· 39
　　模块 3.1　常用电工工具 ······· 40
　　模块 3.2　常用电工材料 ······· 51
　　　　学生工作页 ······· 78

单元四 电工测量仪表使用认知 ······· 79
　　模块 4.1　电流表、电压表和万用表的使用 ······· 80
　　模块 4.2　功率表与电度表的使用 ······· 86
　　模块 4.3　钳形电流表与兆欧表的使用 ······· 92
　　　　学生工作页 ······· 97

单元五 机床电气与拖动技术认知 ······· 98
　　模块 5.1　单相异步电动机 ······· 99
　　模块 5.2　三相异步电动机 ······· 104
　　模块 5.3　常用的低压电器 ······· 109
　　模块 5.4　机床电气控制电路设计 ······· 123
　　　　学生工作页 ······· 132

单元六 电气控制图认知 ······· 133
　　模块 6.1　电气控制图识读 ······· 134
　　模块 6.2　机床电气控制电路故障分析 ······· 153
　　　　学生工作页 ······· 160

单元七 设备常见电气故障处理认知 ······· 161
　　模块 7.1　故障分类及原因分析 ······· 162
　　模块 7.2　电气设备常见故障分析 ······· 164
　　模块 7.3　电气设备常见故障诊断 ······· 169
　　模块 7.4　电气设备故障维修案例分析 ······· 175
　　　　学生工作页 ······· 180

附录 A　中级维修电工理论知识模拟试卷 ······· 181
附录 B　中级维修电工操作技能模拟试卷 ······· 195

单元一　安全用电认知

学习目标

知识目标
（1）了解电气危害的相关知识。
（2）掌握电气安全规范。
（3）理解触电的应急措施以及急救相关知识。

技能目标
（1）能够正确分辨电气危害类型。
（2）能够在日常生活中遵守电气安全规范。
（3）能够对触电情况进行准确判定，并进行正确的急救。

素质目标
（1）夯实专业素养，增强安全用电意识。
（2）培养实践能力和实事求是的求知精神。
（3）筑牢生命健康安全的社会责任感。

知识导入

案例 1　2023 年 1 月，贵州省安顺市关索镇大地庄一栋民房突然起火。消防员抵达现场后，经过外部观察，发现民房内堆放的木材、木箱等全部被引燃。经询问失火民房户主得知，起火原因是用于照明的电线老化、短路产生的电火花引燃房梁上的可燃物，从而使整个民房被点燃。

案例 2　2023 年 3 月 7 日 5 时许，辽宁省大连市一家电器商行发生火灾。火灾发生前，现场不仅存放了大量家用电器，还存放了五具液化气罐。此次事故未造成人员伤亡。经调查，火灾事故是由电气线路故障导致的。

案例 3　2023 年 6 月，江苏省太仓市璜泾镇新联村 5 组一个蔬菜大棚着火。经过消防员的努力火势熄灭。经调查，菜农夫妻为了方便看守菜地，其中一间大棚用来临时居住，并私拉电线导致电气线路短路，引发此次火灾事故。

据统计，全国每年约有 1/3 的火灾都是电气火灾，其中约有 60% 的群死群伤事故。本单元主要介绍电气危害和安全用电的相关知识。

模块 1.1　电气危害辨析

1.1.1　模块目标

（1）了解电气危害的不同表现形式。
（2）学习电气危害的主要原因。
（3）能够正确辨别电气危害。

1.1.2　模块内容

（1）学习电气危害的表现形式。
（2）分析电气危害产生的原因。

1.1.3　必备知识

1.1.3.1　电气危害的表现形式

1. 电击触电危害

电击是指电流通过人体或动物躯体而引起的生理效应（GB/T 4776—2017）。通俗地讲，一定量的电流通过人体，会引发不同程度的组织损伤或脏器功能障碍，严重时可能会导致死亡，如图 1-1-1 所示。

图 1-1-1　电击

电伤是指电对人体外部造成局部伤害，即由电流的热效应、化学效应、机械效应对人体外部组织或器官造成的伤害，如灼伤、电烙印，如图 1-1-2 所示。

触电是电工作业中最常发生的，也是危害最大的一类事故。因为用电无处不在，所以在日常生活中，使用不当、疏忽大意也会发生触电事故。

触电事故表明，频率为 50~100 Hz 的交流电最危险，当通过人体的电流超过 50 mA（工频）时，就会让人呼吸困难、肌肉痉挛、中枢神经遭受损害，从而使心脏停止跳动以致死亡。当电流流过大脑或心脏时，最容易造成死亡事故。

触电伤人的主要因素是电流，而电流值的大小取决于作用到人体上的电压和人体的电阻值。通常人体的电阻值为 800 Ω 至几万欧不等。

图 1-1-2　电伤

2. 电气火灾危害

电气线路故障及电气设备故障是引起电气火灾的主要原因。电气火灾一旦发生，其危害性非常大，轻则造成设备损坏（见图 1-1-3），重则造成人员伤亡。

电气火灾事故主要是由电气设备故障或线路故障引起的。电气火灾事故的发生具有隐蔽性，用肉眼很难发现。但通过使用电气火灾监控系统和电气火灾报警系统，可以及时发现并排除隐患，避免电气火灾事故的发生。

随着电气火灾监控设备及电气火灾监控系统的升级，电气火灾事故是完全可以预防和控制的。通过安装电气火灾监控系统，即便是线路环境非常复杂的场所，也可以对电气设备及线路中的电流、电压、温度等参数进行监测，一旦发现异常，便发出报警信号，并显示故障信息及故障位置，方便工作人员及时排除故障。

图 1-1-3　电气火灾危害

电气火灾监控系统可以说是最先进的预防电气火灾事故的系统，属于先期预防系统。也就是说，电气火灾监控系统的作用是在电气火灾发生前发出报警，而不是待火灾发生后再发出报警，与火灾报警器的触发方式有所不同。

1.1.3.2　电气危害的主要原因

1. 电击产生的原因

电击产生的原因主要有以下几种。

（1）未采取必要的安全防护与技术措施，如漏电保护、接地保护、安全电压、等电位连接等，或安全防护与技术措施失效。

（2）电气线路或电气设备在设计、安装上存在缺陷。

（3）在电气设备运行周期中，缺乏必要的检修维护，使设备或线路存在漏电、过热、短路、接头松脱、导线接触设备外壳、绝缘老化、绝缘击穿、绝缘损坏等隐患。

（4）电气设备正常工作或操作过程中及故障时产生的电火花、雷电产生的电弧、静电火花等。

（5）电气设备运行管理不当，安全管理制度不完善。

（6）操作人员违章作业或操作失误。

（7）未按设备说明书或规程要求进行必要的检修维护。

（8）未设置警戒、警示标志。

2. 电气火灾产生的原因

引起电气火灾通常有以下几个原因。

（1）漏电。

所谓漏电，就是线路的某一个地方因为某种原因（自然原因或人为原因，如风吹雨打、潮湿、高温、挤压、划破、摩擦、腐蚀等），电线的绝缘能力或支架材料的绝缘能力下降，导致电线与电线之间（通过损坏的绝缘、支架等）、导线与大地之间（电线通过水泥墙壁的钢筋、马口铁皮等）有一部分电流通过，如图 1－1－4 所示。

当漏电发生时，漏泄的电流在流入大地途中，如遇电阻较大的部位时，会产生局部高温，致使附近的可燃物着火，从而引起火灾。此外，在漏电点产生的漏电火花也可能引起火灾。

（2）短路。

电气线路中的裸导线或绝缘导线的绝缘体破损后，火线与零线，或火线与地线（包括接地从属于大地）在某一点上接触，引起电流突然大量增加的现象称为短路，俗称碰线、混线或连电，如图 1－1－5 所示。

由于短路时电阻突然减少，电流突然增大，其瞬间的发热量也很大，远超线路正常工作时的发热量，并且在短路点易产生强烈的火花和电弧，不仅能使绝缘层迅速燃烧，而且能使金属熔化，引燃附近的可燃物，造成火灾。

图 1－1－4　漏电

图 1－1－5　短路

(3) 过负荷。

当导线中通过的电流量超过安全载流量时,导线的温度会不断升高,这种现象称为导线过负荷,也称超荷,如图1-1-6所示。

导线过负荷会加快导线绝缘层老化变质。当严重过负荷时,导线的温度会大幅升高,甚至会引起导线的绝缘燃烧,并引燃导线附近的可燃物,从而造成火灾。

图1-1-6 过负荷

(4) 烘烤。

电热器具(如电炉、电熨斗等)、照明灯泡等在正常通电的状态下,就相当于一个火源或高温热源。当其安装不当或长期通电无人监护管理时,就可能使附近的可燃物因高温起火,如图1-1-7所示。

图1-1-7 烘烤引起的火灾

(5) 摩擦。

发电机和电动机等旋转型电气设备的轴承如果润滑不良,会出现干磨发热的现象,从而引起火灾。某些情况下,即使润滑正常,高速旋转产生的高热也可能会引起火灾。

(6) 雷电。

雷电是在大气中产生的放电现象,雷云是大气电荷的载体。雷云电压可达10 000~100 000 kV,雷电流可达50 kA,若以0.000 01 s的放电时间计算,其放电能量约为10^7 J,这个能量相当于易燃易爆物质点火能量的100万倍,可轻易引起火灾,如图1-1-8所示。

图 1-1-8 雷电引起的火灾

(7) 静电。

固体物质大面积摩擦、固体物质粉碎搅拌、液化气体或压缩气体在管道中流动等都会产生静电。静电在一定条件下,会对金属物或大地放电,产生电火花。电火花能使飞花、麻絮、粉尘、可燃气体及易燃液体燃烧起火,甚至引发爆炸,如图 1-1-9 所示。

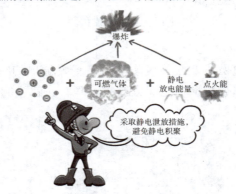

图 1-1-9 静电

在生活生产实践中,由于诸多原因,可能会在电气系统中的某个或某几个环节上出现漏洞,导致不同程度的电气事故。因此,安全用电已成为电气工程中的首要任务。

1.1.4 学习评价

评价项目	评价内容	分值/分	自评	互评	师评
职业素养 (50分)	劳动纪律,职业道德	10			
	积极参加任务活动,按时完成工作任务	10			
	团队合作,交流沟通能力良好,能够合理处理合作中的问题和冲突	10			
	爱岗敬业,具有安全意识、责任意识、服从意识	10			
	能够用专业的语言正确、流利地展示成果	10			

续表

评价项目	评价内容	分值/分	自评	互评	师评
专业能力（50分）	专业资料检索能力	10			
	了解电气危害的不同表现形式	10			
	能够自主分析电气危害的主要原因	10			
	能够正确辨别电气危害	20			
总计	好（86~100分），较好（70~85分），一般（<70分）	100			

1.1.5 复习与思考

1. 电气危害的主要表现形式有哪些？
2. 电气火灾产生的原因有哪些？

模块 1.2　电气安全规范

1.2.1 模块目标

（1）学习并掌握电气系统常用的安全措施。
（2）能够正确识读安全色及安全标志。
（3）认识电气安全用具。

1.2.2 模块内容

（1）了解电气系统常用的几种安全措施。
（2）能够准确分辨安全色及安全标志。
（3）熟悉电气安全工作规程。

1.2.3 必备知识

1. 电气系统常用的安全措施

1）接地保护

电力系统根据目的不同，将接地分为五类。

（1）保护接地。

电气设备或电器装置因绝缘老化或损坏可能带电，人体触及将遭受触电危害。为了防止这种电压危及人身安全而设置的接地，称为保护接地。具体的做法一般是将电气设备或电气装置的金属外壳通过接地装置同大地可靠地连接起来。保护接地适用于电源中性点不接地的低压电网中。

将电气设备的金属外壳与零线连接称为保护接零,接零是接地的一种特殊方式。保护接零措施适用于低压380/220 V系统。

(2) 过电压保护接地。

为了消除因雷击和过电压的危险影响而设置的接地,称为过电压保护接地。

(3) 防静电接地。

为了消除在生产过程中产生的静电及其危险影响而设置的接地,称为防静电接地。

(4) 屏蔽接地。

为了防止电磁感应对电气设备的金属外壳、屏蔽罩、屏蔽线的金属外皮及建筑物金属屏蔽体等的影响而进行的接地,称为屏蔽接地。

(5) 工作接地。

为了保证电气系统的可靠运行而设置的接地,称为工作接地。变压器、发电机中性点除接地外,与中性点连接的引出线称为工作零线。将工作零线上的一点或多点再次与地可靠地连接,称为重复接地。工作零线为单相设备提供回路。从中性点引出专供保护零线的 PE 线,称为保护零线。低压供电系统中工作零线与保护零线应严格分开。

2) 电气安全距离

带电体与大地、带电体与其他设备以及带电体与带电体之间应保持一定的电气安全距离,是防止直接触电和电气事故的重要措施,这种距离称为电气安全距离,简称安全距离。电气安全距离的大小与电压的高低、设备的类型及安装方式有关。

3) 安全色及安全标志

(1) 为提高安全色的辨认率,常采用一些较鲜明的对比色。

①红色:一般用来标志禁止和停止,如信号灯、紧急按钮均用红色,分别表示"禁止通行""禁止触动"等禁止的信息。

②黄色:一般用来标志注意、警告、危险,如"当心触电""注意安全"等。

③蓝色:一般用来标志强制执行和命令,如"必须戴安全帽""必须验电"等。

④绿色:一般用来标志安全无事,如"在此工作""在此攀登"等。

⑤黑色:一般用来标注文字、符号和警示标志的图形等。

⑥白色:一般用于安全标志红色、蓝色、绿色的背景色,也可用于安全标志的文字和图形符号。

⑦黄色与黑色间隔条纹:一般用来标志警告、危险,如防护栏杆。

⑧红色与白色间隔条纹:一般用来标志禁止通过、禁止穿越等。

(2) 常见的安全标志有以下几种。

①禁止标志:圆形,背景为白色,红色圆边,中间为一红色斜杠,图像用黑色。一般常用的有"禁止烟火""禁止启动"等。

②警告类标志:等边三角形,背景为黄色,边和图案都用黑色。一般常用的有"当心触电""注意安全"等。

③指令类标志:圆形,背景为蓝色,图案及文字用白色。一般常用的有"必须戴安全帽""必须戴护目镜"等。

④提示类标志：矩形，背景为绿色，图案及文字用白色。

安全标志应安装在光线充足明显之处，高度应略高于人的视线，使人容易发现。一般不应安装于门窗及可移动的部位，也不宜安装在其他物体容易触及的部位。安全标志不宜在大面积或同一场所过多使用，通常应在白色光源的条件下使用，光线不足的地方应增设照明。

安全标志一般用钢板、塑料等材料制成，同时也不应有反光现象。

4）电气安全用具

电气安全用具是指用以保证电气工作安全所必不可少的工具、器具和用具，用于防止触电、弧光灼伤和高空跌落等伤害事故的发生。按功能不同可将电气安全用具分为基本安全用具和辅助安全用具。

基本安全用具是指绝缘强度足以承受电气设备工作电压的安全用具。基本安全用具包括绝缘操作杆、绝缘夹钳等。由于基本安全用具常用于带电作业，因此使用时必须注意以下几点。

（1）基本安全用具必须具备合格的绝缘性能和力学强度。

（2）基本安全用具只能用于与其绝缘强度相适应的电压等级设备。

（3）按照有关规定，基本安全用具要定期进行试验。

辅助安全用具是指加强基本安全用具绝缘性的安全用具，在电气作业中主要起保护作用。辅助安全用具有绝缘手套、绝缘鞋、绝缘垫及绝缘台等。

2. 电气安全工作规程

1）电气设备的分类

电气设备分为高压和低压两种。

高压电气设备：电压等级在 1 000 V 及以上。

低压电气设备：电压等级在 1 000 V 以下。

2）高压设备的巡视

（1）专业人员在巡视高压设备时，不得进行其他工作，不得移开或越过围栏。

（2）雷雨天气，需要巡视室外高压设备时，应穿绝缘靴，并不得靠近避雷器和避雷针。

（3）当火灾、地震、台风、洪水等灾害发生时，如要对设备进行巡视，应得到设备运行管理单位有关领导批准，巡视人员应与派出部门之间保持通信联络。

（4）高压设备发生接地时，室内不得进入故障点 4 m 以内，室外不得进入故障点 8 m 以内。进入上述范围的人员必须穿绝缘靴，接触设备的外壳和构架时，应配戴绝缘手套。

3）倒闸操作的基本要求

停电拉闸操作必须按照断路器（开关）→负荷侧隔离开关（刀闸）→电源侧隔离开关（刀闸）的顺序依次进行，送电合闸操作应按与上述相反的顺序进行。严禁带负荷拉合隔离开关（刀闸）。

4）操纵电气设备须保证安全的技术措施

（1）停电。

检修设备停电，必须把各方面的电源完全断开。

检修设备和可能来电侧的断路器（开关）、隔离开关（刀闸）必须断开控制电源和合闸电源，隔离开关（刀闸）操作把手必须锁住，确保不会误送电。

对于难以做到与电源完全断开的检修设备，可以拆除设备与电源之间的电气连接。

（2）验电。

验电时，应使用相应电压等级且合格的接触式验电器，在装设接地线或合接地刀闸处对各相分别验电。验电前，应先在有电设备上进行试验，确保验电器良好。

（3）接地（挂接地线、合接地刀）。

装设接地线必须先接接地端，后接导体端，接地线必须接触良好，连接应可靠。拆接地线的顺序与此相反，即先拆导体端，后拆接地端。装、拆接地线均应使用绝缘棒并佩戴绝缘手套。

（4）悬挂标示牌和装设遮栏（围栏）。

在一经合闸即可送电到工作地点的断路器（开关）和隔离开关（刀闸）操作把手上，均应悬挂"禁止合闸，有人工作！"的标示牌。在室内高压设备上工作时，应在工作地点两旁及对面运行设备间隔的遮栏（围栏）上和禁止通行的过道遮栏（围栏）上悬挂"止步，高压危险！"的标示牌。

另外要设置工作负责人、专责监护人，并明确他们的职责。例如，工作负责人要正确安全地组织工作；工作前对工作班成员进行危险点告知，交代安全措施和技术措施，并确保每一个工作班成员都已知晓；确认工作班成员精神状态是否良好，变动是否合适。专责监护人则要求明确被监护人员和监护范围；工作前对被监护人员交代安全措施，告知危险点和安全注意事项；监督被监护人员遵守操作规程和现场安全措施，及时纠正不安全行为。

> **小贴士**
>
> 预防电气火患三大攻略
>
> 攻略一：设计之初严把关，依据标准考虑全。
>
> 攻略二：排查隐患记教训，分门别类防重点。
>
> 攻略三：日常运行勤管理，人防技防保安全。

1.2.4　学习评价

评价项目	评价内容	分值/分	自评	互评	师评
职业素养 （50分）	劳动纪律，职业道德	10			
	积极参加任务活动，按时完成工作任务	10			
	团队合作，交流沟通能力良好，能够合理处理合作中的问题和冲突	10			

续表

评价项目	评价内容	分值/分	自评	互评	师评
职业素养（50分）	爱岗敬业，具有安全意识、责任意识、服从意识	10			
	能够用专业的语言正确、流利地展示成果	10			
专业能力（50分）	专业资料检索能力	10			
	了解电气系统常用的安全措施	10			
	能够正确识读安全色及安全标志	10			
	了解电气安全用具	10			
	了解电气安全工作规程	10			
总计	好（86~100分），较好（70~85分），一般（<70分）	100			

1.2.5 复习与思考

1. 填空题。

（1）电气设备分为_____和_____两种。

（2）接地保护可以分为_____、_____、_____、_____、_____。

2. 简答题。

请说明以下安全色的含义。

（1）红色；（2）黄色；（3）黑色；（4）白色。

阅读拓展

夏日安全用电须知

"小扇引微凉，悠悠夏日长"，夏季炎热，古代通常只有小扇和凉席等纳凉工具，而如今却有冰箱、空调等各种电器。

夏天各种电器的大量使用带来了用电隐患，用电量剧增，线路的负荷也会加大，如果使用不当，则易引发火灾、触电等事故。

2020年2月，深圳市宝安区一家手工酸奶店发生火灾事故，造成4人死亡，原因为商铺二层电气线路短路，引燃了周边可燃物；2021年3月，深圳市沙井街道一家混凝土公司发生一起触电事故，造成1人死亡，原因为电缆漏电。

夏日用电，为什么需要更加警惕？为什么夏季用电，安全问题易频发？

原因主要有以下3个方面。

（1）超负荷用电。由于天气炎热，空调、冰箱两种大功率电器日夜轰鸣，通常还有电视、洗衣机、风扇、计算机、微波炉、电磁炉、烤箱等电器一起使用，严重的超负荷用电会导致电线发热加剧，绝缘老化加速，易引起火灾、触电事故。

（2）天气炎热，易点燃可燃物。线缆、插排发热严重，如果附近有纸张、窗帘、床铺、沙发等可燃物，再加上高温，就更易点燃附近可燃物，让火势蔓延。

（3）电器老化。高温可加快电器老化。例如，家用电器中的绝缘保护可能就会因老化而损坏。有些电器虽然能用10年之久，但内部的元器件可能已经老化。不同电器的使用年限也有差别，例如，电视的安全使用年限为8～10年，冰箱的安全使用年限为10～12年，超过其使用年限，元器件和内部线路老化，噪声和耗电都会增加，消耗的电能也会更多地转换成热能，灰尘、污垢也会降低整机的绝缘和阻燃性能，安全隐患会增加。

《消费者报道》夏日建议。

（1）避免大功率电器同用，空调、微波炉等大功率电器如果同时开启，瞬时电流过大，则可能会引起保险跳闸，甚至火灾。

（2）不要忽视线路、排插、插座、开关等小功率电器元件，它们虽然不起眼，但如果买到假冒伪劣产品或"三无"产品，安全不达标，可能会导致着火、短路等。

（3）发现异常，立刻断开电闸，电器着火时，不能用水灭火，否则可能导致短路，应用干粉或干冰灭火器。

（4）楼道不能堆放杂物，不少杂物都属于易燃物品，而且有碍通行，不利于顺畅逃生。

（5）出门或下班养成断电的习惯，如果离开三天以上，最好关掉总闸。

学习资源

安全用电"秘籍"

冬季家庭安全用电小常识

农村安全用电须知

单元一 安全用电认知

学生工作页

《电工工艺与技术训练》学生工作页

学习章节	单元一 安全用电认知	学时	4
学习目标： 1. 了解电气危害的相关知识。 2. 掌握电气安全规范。 3. 理解触电的应急措施及急救相关知识。 4. 能够正确分辨电气危害类型。 5. 能够在日常生活中遵守电气安全规范。 6. 能够对触电情况进行准确判定，并进行正确的急救			
学习内容		岗位要求	
1. 学习电气危害的表现形式。 2. 分析电气危害产生的原因。 3. 了解电气系统常用的几种安全措施。 4. 能够准确分辨安全色及安全标志。 5. 熟悉电气安全工作规程		认识电气危害的不同表现形式，分析电气危害的主要原因，能够正确辨别电气危害。掌握电气系统常用的安全措施，能够正确识读安全色及安全标志，认识电气安全用具	
学习记录			易错点
知识拓展及参考文献	[1] 陈志勇，蒿永强. 高速公路安全智慧临时用电安全管理探讨［J］. 云南水力发电，2024，40（01）：162－165. [2] 彭靖权. 法治乡村建设视野下农村用电安全纠纷的现状与对策研究［J］. 现代商贸工业，2024，45（03）：144－146. [3] 吴宗展，孙灏. 输配电及用电工程线路安全的运行问题及对策［J］. 大众用电，2023，38（12）：33－34. [4] 薛志朋. 多举措做好客户侧用电安全服务［J］. 中国电力企业管理，2023（35）：42－43. [5] 张云雷，李子昂，马骧尧，等. 面向安全的高校宿舍空调用电预测方法研究［J］. 华北科技学院学报，2023，20（06）：105－114.		
总结评价			

单元二　电路基础认知

学习目标

知识目标
(1) 学习电路和电路模型的组成。
(2) 了解直流电路基础知识。
(3) 学习正弦交流电路基础知识。

技能目标
(1) 认识实验台各组成部分和各种电路元件的名称。
(2) 验证基尔霍夫定律,加深对基尔霍夫定律的理解。
(3) 认识交流电的表示方法,学会分析各交流电路。

素质目标
(1) 养成耐心、细心的好习惯。
(2) 培养实践能力和实事求是的求知精神。
(3) 增强安全意识和团队合作能力。

知识导入

对于热衷于应用科学和数学,并具有这方面才能的人来说,电气工程是一门令人兴奋且具有挑战性的专业。电气工程经过一个半世纪的发展,成为了一门涵盖电子学、电磁学、电子计算机、电力工程、电信、控制工程、信号处理等多个子领域的工程学科。电气工程师在改变人们的生活方式、工作方式中扮演了重要的角色。卫星通信、电话、数字计算机、电视、医学设备、流水作业机器人及电动工具等,已成为现代社会系统的重要组成部分。

电路模型是实际电气系统行为的近似数学模型,它为学习电气工程提供了重要基础。电路模型、数学技术和电路理论将为电气工程探索构建理论框架。

模块 2.1　电路和电路模型建立

2.1.1　模块目标

（1）掌握电路的概念和组成。
（2）了解电路模型。

2.1.2　模块内容

（1）了解电路的基本组成元素。
（2）熟悉电路模型的作用。

2.1.3　必备知识

2.1.3.1　电路

1. 电路的概念和组成

电路是电流的通路，是为了满足某种需求，由电气设备或电气元件按一定方式组合起来的导电回路。

电路主要由电源、负载、连接导线及开关等构成。电源（source）是提供能量或信号的器件。负载（load）将电能转化为其他形式的能量，或对信号进行处理，一般用电器件称为负载。导线（line）、开关（switch）将电源与负载接成通路，起传输和控制电能的作用。

2. 电路的作用

1）完成电能的传输、分配与转换

一般的照明电路和动力电路称为电力电路，手电筒就是最简单的电力电路，如图2-1-1所示。

2）实现信号的传递与处理

通信电路和检测电路称为信号电路，如图2-1-2所示。

图2-1-1　手电筒的电力电路　　　　图2-1-2　信号电路

2.1.3.2　电路的模型

为了便于用数学方法分析电路，一般要将实际电路模型化，即用统一规定的符号表示理想电路元件代替实际电路元件，建立实际电路的数字物理模型，如图2-1-3所示。

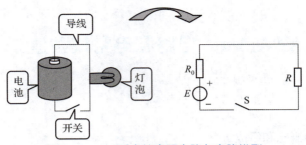

图 2-1-3 手电筒实际电路与电路模型

2.1.4 学习评价

评价项目	评价内容	分值/分	自评	互评	师评
职业素养 （50 分）	劳动纪律，职业道德	10			
	积极参加任务活动，按时完成工作任务	10			
	团队合作，交流沟通能力良好，能够合理处理合作中的问题和冲突	10			
	爱岗敬业，具有安全意识、责任意识、服从意识	10			
	能够用专业的语言正确、流利地展示成果	10			
专业能力 （50 分）	专业资料检索能力	10			
	了解电路的基本组成元素	10			
	熟悉电路模型的作用	10			
	掌握电路的概念和组成	10			
	掌握电路模型	10			
总计	好（86~100 分），较好（70~85 分），一般（<70 分）	100			

2.1.5 复习与思考

1. 电路的组成。
2. 电路模型的定义。

模块 2.2　直流电路

2.2.1 模块目标

（1）掌握直流电路的基本物理量。
（2）学习基尔霍夫定律。

16

2.2.2 模块内容

（1）了解直流电路基本物理量的含义。
（2）学会验证基尔霍夫定律。

2.2.3 必备知识

2.2.3.1 直流电路基础

1. 电流和电压的参考方向

电压、电流和电动势都是标量，它们都存在方向的问题。

1）实际方向

物理中对电量规定的方向，见表 2-2-1。

表 2-2-1 电量的单位和方向

物理量	单位	实际方向
电流 I	A，mA，μA	正电荷运动的方向
电动势 E	kV，V，mV，μV	电位升高的方向 （低电位→高电位）
电压 U	kV，V，mV，μV	电压降低的方向 （高电压→低电压）

2）参考方向

参考方向又称假定方向或正方向，这是分析与计算电路的一种方法。参考方向确认后，与参考方向一致的，物理量取正；与参考方向相反的，物理量取负，表示方法如图 2-2-1 所示。

图 2-2-1 参考方向的表示方法

3）实际方向与参考方向的关系

实际方向与参考方向一致，电流（或电压）值为正；实际方向与参考方向相反，电流（或电压）值为负。

注意：在参考方向选定后，电流（或电压）值才有正负之分。对任何电路分析时都应先指定各处 I，U 的参考方向。

4）关联参考方向

在电压的参考方向指定后，指定电流从电压参考方向标"＋"端流入，并从标"－"

端流出，即电流的参考方向与电压的参考方向一致，又称电流和电压的参考方向为关联参考方向；反之，电流和电压的参考方向为非关联参考方向。

2. 电能和电功率

电能是指在一定的时间内电路元件或设备吸收或发出的电能量，用符号 W 表示，其国际单位为焦（J）。电能的计算公式为 $W = Pt = UIT$，通常电能单位为千瓦·时（kW·h），又称度，1 度 = 1 kW·h = 3.6×10^6 J，即功率为 1 000 W 的供能或耗能元件，在 1 h 的时间内所发出或消耗的电能为 1 kW·h。

电功率（简称功率）所表示的物理意义是电路元件或设备在单位时间内吸收或发出的电能。两端电压为 U、通过电流为 I 的任意两端元件的功率大小为 $P = UI$。功率的国际单位为瓦（W），常用的单位还有毫瓦（mW）、千瓦（kW）。

3. 电阻元件

电阻是一种将电能不可逆地转化为其他形式能量（如热能、机械能、光能等）的元件。

1) 符号

电阻的符号如图 2-2-2 所示。

2) 欧姆定律

欧姆定律为 $U = RI$，R 为电阻，单位为欧（Ω），如图 2-2-3 所示。

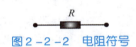

图 2-2-2　电阻符号

图 2-2-3　欧姆定律

3) 伏安特性

线性电阻 R 是一个与电压和电流无关的常数。伏安特性曲线如图 2-2-4 所示，$R \propto \tan \alpha$。电阻元件的伏安特性为一条过原点的直线。

4) 功率和能量

如图 2-2-5 所示，电阻的功率可表示为 $P = UI = I^2R = U^2/R$。

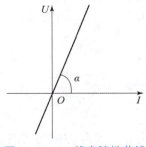

图 2-2-4　伏安特性曲线

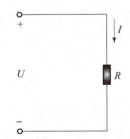

图 2-2-5　电阻的功率

任何时刻，电阻元件绝不可能发出电能，它只能消耗电能。因此电阻又称"无源元件"或"耗能元件"。

5) 开路与短路

对于电阻 R，当 $R = 0$ 时，视其为短路，当 i 为有限值时，$U = 0$；当 $R = \infty$ 时，视其为

开路，当 U 为有限值时，$i=0$。

注意：理想导线的电阻值为零。

4. 电容元件

1）电容器

两个相互绝缘又相互靠得很近的导体组成了一个电容器，如图 2–2–6 所示。这两个导体称为电容器的两个极板，中间的绝缘材料称为电容器的介质。

图 2–2–6 电容器

电容器的基本特性如下。

（1）充电：使电容器带电的过程。

（2）放电：充电后的电容器失去电荷的过程。

（3）隔直：由于电容器两个极板之间是绝缘的，因此，直流电不能通过电容器，这一特性称为隔直。

2）电路符号

电容器电路符号如图 2–2–7 所示。

3）元件特性

对某一个电容器来说，电荷量与电压的比值是一个常数，但对于不同的电容器，这个比值一般是不同的。因此，可以用这一比值来反映电容器储存电荷的能力，称为电容，用符号 C 表示。

如图 2–2–8 所示，对于线性电容，有

$$Q = CU$$

图 2–2–7 电容器电路符号　　　图 2–2–8 电容电路

电容的单位为法（F），较小的电容常用单位有微法（μF）和皮法（pF）。

$$1\ \text{F} = 1\ \text{C/V} = 1\ \text{A} \cdot \text{s/V} = 1\ \text{s}/\Omega$$

电容是无源元件，它本身不消耗能量。

5. 电感元件

1）电感器

电感器依据电磁感应原理由导线绕制而成，在电路中具有通直流、阻交流的作用。

导线内通过交流电流时，在导线的内部及其周围产生交变磁通，导线的磁通量与产生此磁通的电流之比称为电感，如图 2-2-9 所示。在电路图中用符号 L 表示电感，单位是亨（H），常用的单位有毫亨（mH）、微亨（μH）。

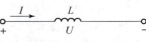

图 2-2-9 电感器电路

2）电感的作用

电感的基本作用有滤波、振荡、延迟、陷波等。

一般说到电感通直流、阻交流，指的是在电路中，电感线圈对交流的限流作用。

电感在电路中最常见的作用就是与电容并联，组成 LC 滤波电路。电容具有阻直流、通交流的功能，而电感则有通直流、阻交流的功能。如果把伴有许多干扰信号的直流电通过 LC 滤波电路，那么，交流干扰信号将被电容变成热能消耗，变成较纯净的直流电再通过电感时，剩余的交流干扰信号又被变成磁感和热能，其中频率较高的交流干扰信号最容易被电感阻抗吸收，这就可以有效抑制较高频率的干扰信号。

电感线圈也是一种储能元件，它以磁的形式储存电能。因此，线圈电感量越大，流过的电流越大，储存的电能也就越多。

6. 电压源和电流源

1）理想电压源

理想电压源两端电压为 U_s，其值与流过它的电流 I 无关。

（1）理想电压源电路符号如图 2-2-10 所示。

（2）特点如下。

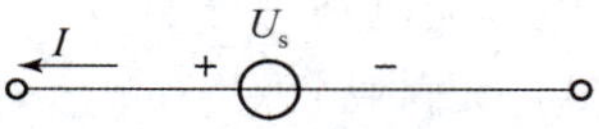

①电源两端电压由电源本身决定，与外电路无关。

直流：U_s 为常数。

交流：U_s 是确定的时间函数，如 $U_s = U_m \sin \omega t$。

图 2-2-10 理想电压源电路符号

②通过它的电流是任意的，由外电路决定。

（3）理想电压源伏安特性曲线，如图 2-2-11 所示。

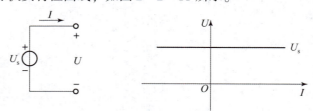

图 2-2-11 电压源伏安特性曲线

①若 $U = U_s$，即为直流电源，则其伏安特性曲线为平行于电流轴的直线，反映电压与电源中的电流无关。

②若 U_s 为变化的电源，则某一时刻的伏安特性曲线也是平行于电流轴的直线。电压为零的电压源，伏安特性曲线与 I 轴重合，相当于短路元件。

（4）理想电压源电路如图 2-2-12 所示。

①开路：$R \to \infty$，$I = 0$，$U = U_s$。

②短路：$R = 0$，$I \to \infty$，理想电压源出现病态，因此理想电压源不允许短路。实际电压源电路如图 2-2-13 所示。

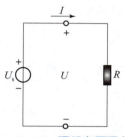

图 2-2-12　理想电压源电路

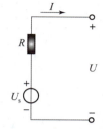

图 2-2-13　实际电压源电路

注意：实际电压源也不允许短路。因为其内阻小，若短路，则其电流很大，可能烧毁电压源。

2）理想电流源

电源输出电流为 I_s，其值与此电源的端电压 U 无关。

（1）理想电流源电路符号如图 2-2-14 所示。

（2）特点。

①电源电流由电源本身决定，与外电路无关。

直流：I_s 为常数。

交流：I_s 是确定的时间函数，如 $I_s = I_m \sin \omega t$。

②电源两端电压是任意的，由外电路决定。

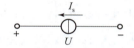

图 2-2-14　理想电流源电路符号

（3）理想电流源伏安特性曲线。

①若 $I = I_s$，即为直流电源，则其伏安特性曲线为平行于电压轴的直线，反映电流与端电压无关。

②若 I_s 为变化的电源，则某一时刻的伏安特性曲线也是平行于电压压轴的直线。电流为零的电流源，伏安特性曲线与电压轴重合，相当于开路元件。

（4）理想电流源电路如图 2-2-15 所示。

①短路：$R = 0$，$I = I_s$，$U = 0$，理想电流源短路。

②开路：$R \to \infty$，$I = I_s$，$U \to \infty$。若强迫断开理想电流源回路，电路模型为病态，理想电流源不允许开路，如图 2-2-16 所示。

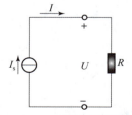

图 2-2-15　理想电流源电路

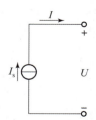

图 2-2-16　理想电流源不允许开路

（5）实际电流源。

一个高电压、高内阻的电压源，当外部负载电阻较小，且负载变化范围不大时，可将其等效为电流源，如图 2-2-17 所示。

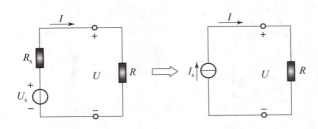

图 2-2-17　实际电流源

$R_s = 1\,000\,\Omega$，$U_s = 1\,000\,V$，$R = 1 \sim 2\,\Omega$ 的情况下：

当 $R = 1\,\Omega$ 时，$U = 0.999\,V$；

当 $R = 2\,\Omega$ 时，$U = 1.999\,V$。

将其等效为 1 A 的理想电流源：

当 $R = 1\,\Omega$ 时，$U = 1\,V$；

当 $R = 2\,\Omega$ 时，$U = 2\,V$。

由此可以得出：实际电流源与等效为 1 A 的理想电流源结果相近。

2.2.3.2　基尔霍夫定律

在电路分析和计算中，有两个基本定律，即欧姆定律和基尔霍夫定律。其中基尔霍夫定律又包含两条定律：基尔霍夫电流定律（Kirchhoff's current law，KCL）和基尔霍夫电压定律（Kirchhoff's voltage law，KVL）。基尔霍夫定律有普遍适用性，适用于任何瞬时、线性电路和非线性电路、直流电路和交流电路，以及各种不同电路元件构成的电路等。

1. 基尔霍夫电流定律

现实中有许多复杂电路。一个复杂的电路可以是多个电源与电阻的复杂连接，如图 2-2-18 所示。

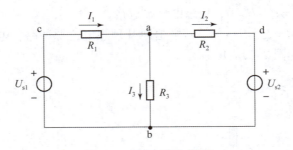

图 2-2-18　复杂电路

1）新名词

支路（branch）：电路中通过同一电流的每个分支。

节点（node）：三条或三条以上支路的连接点。
路径（path）：两节点间的一条通路。路径由支路构成。
回路（loop）：由支路组成的闭合路径。
网孔（mesh）：对平面电路，每个网眼即为网孔。网孔是回路，但回路不一定是网孔。

2）KCL

在任何集总参数电路中，任一时刻，流出（流入）任一节点的各支路电流代数和为零，即

$$\sum_{k=1}^{n} I_k = 0$$

例 2 – 1　如图 2 – 2 – 19 所示，令流出节点的电流为"＋"（支路电流背离节点），写出 KCL 方程式。

解
$$-I_1 + I_2 - I_3 + I_4 = 0 \quad 或 \quad I_1 + I_3 = I_2 + I_4$$
即
$$\sum I_入 = \sum I_出$$

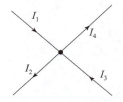

图 2 – 2 – 19　例 2 – 1 图

2. 基尔霍夫电压定律

基尔霍夫电压定律阐述的是电路中任一回路各部分压降之间的关系。

基尔霍夫电压定律的内容：在任何集总参数电路中，任一时刻，沿任一闭合路径（按固定绕向），各支路电压的代数和为零，即

$$\sum U(t) = 0$$

例 2 – 2　写出如图 2 – 2 – 20 所示的 KVL 方程式。

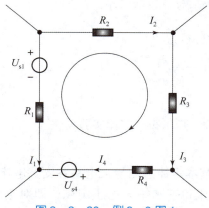

图 2 – 2 – 20　例 2 – 2 图 1

解　首先考虑绕行方向：顺时针或逆时针（选定一个）。

顺时针方向绕行：$\sum U = 0$，即

$$-U_1 - U_{s1} + U_2 + U_3 + U_4 + U_{s4} = 0$$
$$-U_1 + U_2 + U_3 + U_4 = U_{s1} - U_{s4}$$

因此，$\sum U_R = \sum U_s$，这是 KVL 第二种表示方法。

推论：电路中任意两点间的电压等于两点间任一条路径经过的各元件电压的代数和，如图 2-2-21 所示，元件电压方向与路径绕行方向一致时取正号，方向相反时取负号。

$$U_{AB} = U_2 + U_3$$
$$U_{AB} = U_{s1} + U_1 - U_{s4} - U_4$$

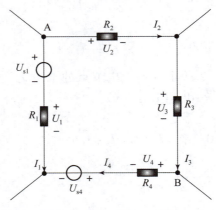

图 2-2-21　例 2-2 图 2

3. KCL、KVL 小结

（1）KCL 是对支路电流的线性约束，KVL 是对支路电压的线性约束。

（2）KCL、KVL 与组成支路的元件性质及参数无关。

（3）KCL 表明在每一节点上电荷是守恒的；KVL 是电位单值性的具体体现（电压与路径无关）。

（4）KCL、KVL 只适用于集总参数的电路。

2.2.4　操作实施

基尔霍夫定律的验证

1. 实施准备

工具和仪器：电工实验台、基尔霍夫定律实验模块。

2. 基本原理

基尔霍夫定律是电路的基本定律。测量某电路各支路电流及每个元件两端的电压，应能分别满足基尔霍夫电流定律和基尔霍夫电压定律，即对电路中的任一节点而言，应有 $\sum I = 0$；对任何一个闭合回路而言，应有 $\sum U = 0$。

运用上述定律时必须注意各支路或闭合回路中电流的正方向，此方向可预先任意设定。

3. 实施步骤

（1）实验前先任意设定三条支路和三个闭合回路的电流正方向。实验线路如图 2-2-22 所示。

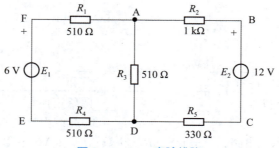

图2-2-22 实验线路

（2）按原理的要求，分别将两路直流稳压电源接入电路。
（3）将电流插头的两端接至直流数字毫安表的"+""-"两端。
（4）将电流插头分别插入三条支路的三个电流插座中，在表2-2-2中记录电流值。

表2-2-2 实验结果记录表

被测量	I_1/mA	I_2/mA	I_3/mA	U_1/V	U_2/V	U_{FA}/V	U_{AB}/V	U_{AD}/V	U_{CD}/V	U_{DE}/V
计算值										
测量值										
相对误差										

（5）用直流数字电压表分别测量两路电源及电路元件上的电压值，记录于表2-2-2中。

2.2.5 学习评价

评价项目	评价内容	分值/分	自评	互评	师评
职业素养（50分）	劳动纪律，职业道德	10			
	积极参加任务活动，按时完成工作任务	10			
	团队合作，交流沟通能力良好，能够合理处理合作中的问题和冲突	10			
	爱岗敬业，具有安全意识、责任意识、服从意识	10			
	能够用专业的语言正确、流利地展示成果	10			
专业能力（50分）	专业资料检索能力	10			
	掌握直流电路的基本物理量	10			
	了解直流电路基本物理量的含义	10			
	熟悉基尔霍夫定律	10			
	能够验证基尔霍夫定律	10			
总计	好（86~100分），较好（70~85分），一般（<70分）	100			

2.2.6 复习与思考

1. 填空题。
(1) 1 度 = _____ kW·h = _____ J。
(2) 电容器的基本特征有 _____、_____ 和 _____。
(3) 基尔霍夫定律包含 _____ 和 _____ 两条定律。
2. 计算题。

如图 2-2-23 所示的电路，$U_s = 1$ V，$R_1 = 1$ Ω，$I_s = 2$ A，电阻 R 消耗功率为 2 W。试求 R 的阻值。

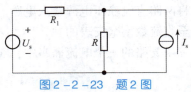

图 2-2-23 题 2 图

模块 2.3 正弦交流电路

2.3.1 模块目标

(1) 理解交流电的含义。
(2) 学习单相正弦交流电的基础知识。
(3) 了解三相交流电源的产生和特点。

2.3.2 模块内容

(1) 掌握交流电的表示方法。
(2) 学会分析各交流电路。
(3) 掌握对称三相负载Y连接和△连接时，负载线电压和相电压、线电流和相电流的关系。

2.3.3 必备知识

2.3.3.1 正弦交流电的表示法

生产和生活中普遍应用正弦交流电，而在工业生产中三相交流电路应用更为广泛。本模块将介绍交流电路的一些基本概念、基本理论和基本分析方法，为学习交流电机、电器及电子技术打下基础。交流电路的概念不同于直流电路，二者的计算方法、分析方法不同。因此在学习时注意建立交流电路的意识，避免引起错误。

1. 基本概念

大小和方向均随时间变化的电压或电流称为交流电，交流电波形如图 2-3-1 所示。其中，大小和方向均随时间按正弦规律变化的电压或电流称为正弦交流电，其波形如图 2-3-1 (c) 所示。

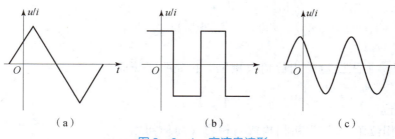

图 2-3-1 交流电波形
(a) 等腰三角波；(b) 矩形脉冲波；(c) 正弦波

1）频率与周期

描述正弦量变化快慢的参数介绍如下。

周期（T）：变化一个循环所需要的时间，单位为 s。

频率（f）：单位时间内的周期数，单位为 Hz。

角频率（ω）：每秒变化的弧度数，单位为 rad/s。

三者间的关系为

$$f = 1/T$$
$$\omega = 2\pi/T = 2\pi f$$

我国和大多数国家采用 50 Hz 作为电力工业标准频率（简称工频），少数国家采用 60 Hz。

2）正弦交流电的瞬时值、最大值和有效值

（1）瞬时值。

交流电随时间按正弦规律变化，如图 2-3-2 所示，正弦量任意瞬间值称为瞬时值，用小写字母 i，u，e 表示，瞬时值用正弦解析式表示，如 $i = I_m \sin(\omega t + \psi_i)$。瞬时值是变量，注意要用小写斜体英文字母表示。

（2）最大值。

正弦量振荡的最高点称为最大值或峰值，如图 2-3-3 所示，用带有下标 m 的大写字母 I_m，U_m，E_m 表示。

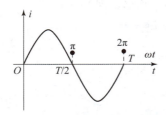

图 2-3-2 交流电随时间按正弦规律变化

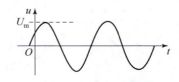

图 2-3-3 正弦量振荡的最大值

（3）有效值。

交流电流的做功能力相当于某一数值直流电流的做功能力，这个直流电流的数值称为该交流电流的有效值，用大写字母 I，U，E 表示。

正弦交流电的有效值和最大值之间具有特定的数量关系，即

$$U = \frac{U_m}{\sqrt{2}} = 0.707 U_m, \quad I = \frac{I_m}{\sqrt{2}} = 0.707 I_m$$

3）正弦交流电的相位、初相位和相位差

正弦量：$i = I_m \sin(\omega t + \psi_i)$，如图 2-3-4 所示。

（1）相位。

$(\omega t + \psi_i)$ 称为正弦量的相位角或相位。它表明了正弦量的进程。

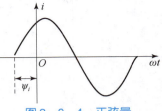

图 2-3-4　正弦量

（2）初相位。

$t = 0$ 时的相位角 ψ_i 称为初相角或初相位（简称初相）。初相位确定了正弦量计时开始的位置，初相规定不得超过 ±180°，如图 2-3-5 所示。

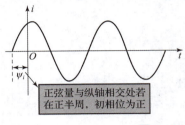 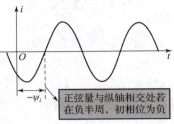

图 2-3-5　初相位

（3）相位差。

同频率正弦量的相位角之差，称为相位差，用 φ 表示。

例 2-3　已知 $u = U_m \sin(\omega t + \psi_u)$，$i = I_m \sin(\omega t + \psi_i)$，求电压与电流之间的相位差。

解　u，i 的相位差为

$$\varphi = (\omega t + \psi_u) - (\omega t + \psi_i) = \psi_u - \psi_i$$

显然，两个同频率正弦量之间的相位差，实际上等于它们的初相位差。

若 $\varphi = 0$，如图 2-3-6（a）所示，则 u 与 i 同时达到最大值，也同时到零点，将它们称为同相位，简称同相。

若 $\varphi > 0$，如图 2-3-6（b）所示，则 u 比 i 先达到最大值并到零点，称 u 超前 i 一个相位角 φ，或者说 i 滞后于 u 一个相位角 φ。

若 $\varphi = \pm\pi$，如图 2-3-6（c）所示，则称它们相位相反，简称反相。

若 $\varphi < 0$，则 u 滞后于 i（或 i 超前于 u）一个相位角 φ。

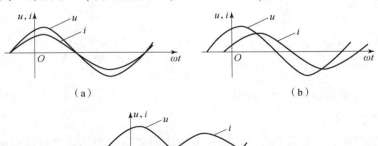

图 2-3-6　i 与 u 之间的相位差
（a）u 与 i 同相；（b）u 超前 i；（c）u 与 i 反相

对于正弦电流 i，如果 I_m，ω，ψ_i 为已知，则它与时间 t 的关系就是唯一确定的，因此最大值、角频率、初相位称为正弦量三要素。

2. 正弦交流电的表示法

1）函数式表示法

在分析正弦交流电时，正弦量瞬时值的表示就是采用了函数式表示法，如

$$u = U_m \sin(\omega t + \psi_u), \quad i = I_m \sin(\omega t + \psi_i)$$

2）波形图表示法

波形图表示法如图 2-3-7 所示。

3）相量表示法

正弦量的相量表示法是用复数来表示正弦量。描述正弦交流电的有向线段称为相量，相量符号是在大写字母上加黑点"·"。

正弦量：$i = I_m \sin(\omega t + \psi_i)$ 在复平面上可以用长度为最大值 I_m，与实轴正向夹角为 ψ_i 的有向线段表示，如图 2-3-8 所示，有效值相量为

$$\dot{I} = I_m \angle \psi_i$$

按照正弦量的大小和相位关系画出若干相量的图形，称为相量图。

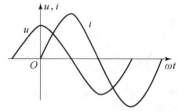

图 2-3-7 波形图表示法

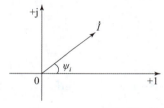

图 2-3-8 正弦量

例 2-4 若 $i_1 = I_{1m}\sin(\omega t + \psi_{i1})$，$i_2 = I_{2m}\sin(\omega t + \psi_{i2})$，画出相量图。

解 根据 i_1，i_2 的最大值、初相位，可直接画出其相量图，如图 2-3-9 所示。

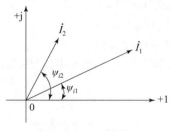

图 2-3-9 相量图

2.3.3.2 单相正弦交流电路基础

1. 概述

把负载接到交流电源上组成的电路称为交流电路。交流电路按电源中交变电动势的个数分为单相交流电路和三相交流电路。单相交流电路只有一个交变电动势，三相交流电路有三个交变电动势。

最简单的交流电路是由电阻、电感或电容中的单个电路元件组成的，这些电路元件仅由

R，L，C 三个参数中的一个来表示其特性，故这种电路称为单一参数电路元件的交流电路，又称纯电阻（电感、电容）电路。

直流电路分析计算的基本定律、定理和公式都适用于交流电路，但交流电路的分析计算远远比直流电路复杂。这是因为正弦量是随时间变化的，在确定各个量之间的关系时，不但要找出其数量关系，还要明确其相位关系。

2. 纯电阻电路

1）电压电流关系

设在电阻元件的交流电路中，电压、电流参考方向如图 2-3-10 所示。

根据欧姆定律

设 $\qquad u = Ri$，$i = I_m \sin \omega t$

则 $\qquad u = Ri = RI_m \sin \omega t = U_m \sin \omega t$

式中 $U_m = RI_m$。

可见，R 等于电压与电流有效值或最大值之比。

波形图与相量图如图 2-3-11 所示。

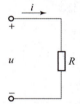

图 2-3-10 纯电阻电路

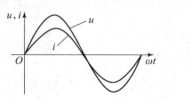

图 2-3-11 波形图与相量图

综上，可以得出如下结论。

(1) 电压与电流同频率、同相位。

(2) 电压与电流大小关系：$U = RI$。

(3) 电压与电流相量表达式：$\dot{U} = R\dot{I}$。

2）功率

(1) 瞬时功率：$p = ui = UI(1 - \cos 2\omega t)$。

(2) 瞬时功率在一个周期内的平均值，称为平均功率或有功功率，如图 2-3-12 所示。

平均功率

$$P = \frac{1}{T} \int_0^T p(t)\,\mathrm{d}t = UI = \frac{U^2}{R} = I^2 R$$

3. 纯电感电路

设在电感元件的交流电路中，电压、电流取关联参考方向。

电感对交流电的阻碍作用称为电感抗，简称感抗或电抗，用 X_L 表示，单位为 Ω。

$$X_L = \omega L = 2\pi f L$$

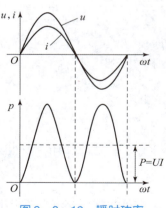

图 2-3-12 瞬时功率

1）电压电流关系

如图 2-3-13 所示，设 $i = I_m \sin \omega t$，

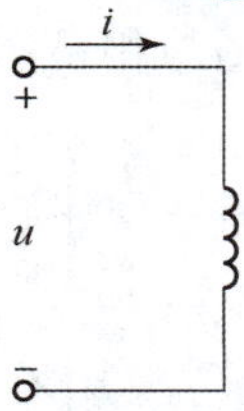

由
$$u = L\frac{di}{dt}$$

有
$$u = \omega L I_m \cos \omega t = U_m(\sin \omega t + 90°)$$

式中 $U_m = \omega L I_m = X_L I_m$。

波形图与相量图如图 2-3-14 所示。

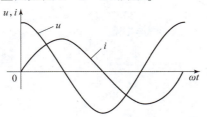

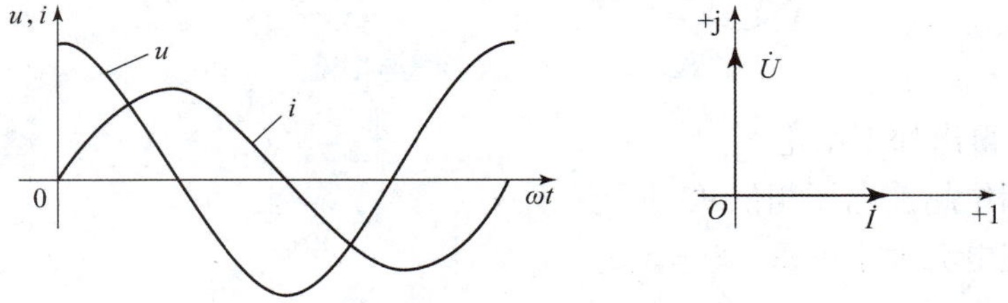

图 2-3-14 波形图与向量图

综上，可以得出如下结论。

（1）电压相位超前电流相位 90°。

（2）电压与电流大小关系：$U = X_L I$。

（3）电压与电流相量式：$\dot{U} = jX_L \dot{I}$。

2）功率

（1）瞬时功率，$p = ui$。

（2）平均功率 P，$P = 0$。

（3）无功功率 Q，$Q = UI = I^2 X_L = U^2/X_L$。

电感元件虽然不耗能，但它与电源之间的能量交换始终在进行，这种电能和磁场能之间的交换可用无功功率来衡量，如图 2-3-15 所示。

无功功率和有功功率有区别，无功功率的单位为乏（var）。

图 2-3-13 纯电感电路

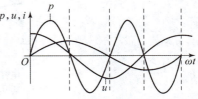

图 2-3-15 纯电感电路的功率

4. 纯电容电路

1）电压电流关系

电容对交流电的阻碍作用，称为容抗，用 X_C 表示，单位为 Ω。

$$X_C = \frac{1}{\omega C} = \frac{1}{2\pi f C}$$

设在电容元件的交流电路中，电压、电流取关联参考方向，如图 2-3-16 所示。

设
$$u = U_m \sin \omega t$$

由
$$i = C\frac{du}{dt}$$

有
$$i = \omega C U_m \cos \omega t = I_m(\sin \omega t + 90°)$$

式中 $U_m = I_m \dfrac{1}{\omega C} = I_m X_C$。

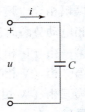

图 2-3-16 纯电容电路

波形图与相量图如图 2-3-17 所示。

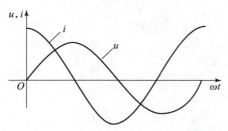
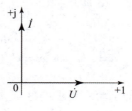

图 2-3-17 波形图与相量图

综上，可以得出如下结论。

(1) 电流相位超前电压相位 90°。

(2) 电压与电流大小关系：$U = X_C I$。

(3) 电压与电流相量式：$\dot{U} = -\mathrm{j} X_C \dot{I}$。

2) 功率

(1) 瞬时功率 p，$p = ui = UI\sin 2\omega t$。

(2) 平均功率 P，$P = 0$。

(3) 无功功率 Q，$Q = UI = I^2 X_C = U^2 \omega C$。

无功功率 Q 反映了电容元件在充放电过程中与电源之间进行能量交换的规模，如图 2-3-18 所示。

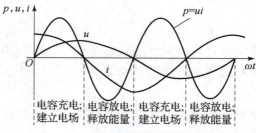

图 2-3-18 纯电容电路的功率

2.3.3.3 三相正弦交流电路基础

1. 三相交流电源

1) 三相交流电动势的产生

(1) 对称三相电动势。

振幅相等、频率相同，在相位上彼此相差 120°的三个电动势称为对称三相电动势。对称三相电动势瞬时值的数学表达式如下。

第一相（U 相）电动势：$e_1 = E_\mathrm{m} \sin \omega t$。

第二相（V 相）电动势：$e_2 = E_\mathrm{m} \sin(\omega t - 120°)$。

第三相（W 相）电动势：$e_3 = E_\mathrm{m} \sin(\omega t + 120°)$。

显然，有 $e_1 + e_2 + e_3 = 0$。

对称三相电动势波形图与相量图如图 2-3-19 所示。

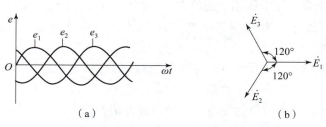

图 2-3-19 对称三相电动势波形图与相量图

（2）相序。

三相电动势达到最大值（振幅）的先后次序称为相序。如果 e_1 相位比 e_2 相位超前 120°，e_2 相位比 e_3 相位超前 120°，而 e_3 相位又比 e_1 相位超前 120°，则这种相序称为正相序或顺相序；反之，如果 e_1 相位比 e_3 相位超前 120°，e_3 相位比 e_2 相位超前 120°，e_2 相位比 e_1 相位超前 120°，则这种相序称为负相序或逆相序。

相序是一个十分重要的概念，为使电力系统能够安全可靠地运行，通常统一规定技术标准，一般在配电盘上用黄色标出 U 相，用绿色标出 V 相，用红色标出 W 相。

2）三相电源的连接

三相电源有星形（Y）连接和三角形（△）连接两种。

（1）三相电源的Y连接。

将三相发电机三相绕组的末端 U2，V2，W2（相尾）连接在一点，始端 U1，V1，W1（相头）分别与负载相连，这种连接方法称为星形（Y）连接，如图 2-3-20 所示。

从三相电源三个相头 U1，V1，W1 引出的三根导线称为端线或相线，俗称火线，任意两个火线之间的电压称为线电压。Y公共连接点 N 称为中性点，从中性点引出的导线称为中性线，俗称零线。由三根相线和一根中性线组成的输电方式称为三相四线制，通常在低压配电中采用。

每相绕组始端与末端之间的电压（即相线与中线之间的电压）称为相电压，它们的瞬时值用 u_1，u_2，u_3 来表示，这三个相电压也是对称的。相电压大小（有效值）均为

$$U_1 = U_2 = U_3 = U_P$$

任意两相始端之间的电压（火线与火线之间的电压）称为线电压，它们的瞬时值用 u_{12}，u_{23}，u_{31} 来表示。Y连接的相量图如图 2-3-21 所示，三个线电压是对称的，大小（有效值）均为

$$U_{12} = U_{23} = U_{31} = U_L = \sqrt{3}\,U_P$$

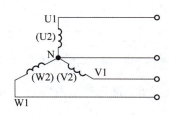

图 2-3-20 三相电源的Y连接

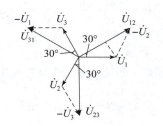

图 2-3-21 Y连接的相量图

线电压相位比相应的相电压相位超前30°，如线电压 U_{12} 相位比相电压 U_1 相位超前30°，线电压 U_{23} 相位比相电压 U_2 相位超前30°，线电压 U_{31} 相位比相电压 U_3 相位超前30°。

（2）三相电源的△连接。

将三相电动机的第二绕组始端 V1 与第一绕组的末端 U2 相连、第三绕组始端 W1 与第二绕组的末端 V2 相连、第一绕组始端 U1 与第三绕组的末端 W2 相连，并从三个始端 U1，V1，W1 引出三根导线分别与负载相连，这种连接方法称为三角形（△）连接。显然这时线电压等于相电压，即

$$U_L = U_P$$

这种没有中线，只有三根相线的输电方式称为三相三线制。

特别需要注意的是，在工业用电系统中如果只引出三根导线（三相三线制），那么就都是火线（没有中线），这时所说的三相电压大小均指线电压 U_L；而民用电源则需要引出中线，所说的电压大小均指相电压 U_P。

2. 三相负载的连接

1）负载的Y连接

三相负载的Y连接如图 2-3-22 所示。

该连接方法有三根火线和一根零线，称为三相四线制电路，在这种电路中三相电源也必须是Y连接，所以又称Y-Y连接三相电路。显然不管负载是否对称（相等），电路中的线电压 U_L 都等于负载相电压 U_{YP} 的 $\sqrt{3}$ 倍，即 $U_L = \sqrt{3} U_{YP}$。

负载的相电流 I_{YP} 等于线电流 I_{YL}，即

$$I_{YP} = I_{YL}$$

当三相负载对称时，即各相负载完全相同，相电流和线电流也一定对称（称为Y-Y形对称三相电路），即各相电流（或各线电流）振幅相等、频率相同、相位彼此相差120°，并且中线电流为零。因此中线可以去掉，形成三相三线制电路。对于对称负载，不必关心电源连接，只需关心负载连接。

2）负载的△连接

负载作△连接时只能形成三相三线制电路，如图 2-3-23 所示。

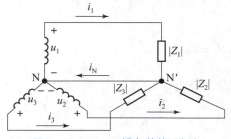

图 2-3-22　三相负载的Y连接

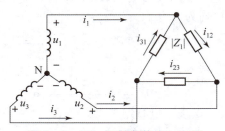

图 2-3-23　三相负载的△连接

显然不管负载是否对称（相等），电路中负载相电压 $U_{\triangle P}$ 都等于线电压 U_L，即

$$U_{\triangle P} = U_L$$

当三相负载对称时，即各相负载完全相同，相电流和线电流也一定对称。负载的相电流为

$$I_{\triangle P} = \frac{U_{\triangle P}}{|Z|}$$

线电流 $I_{\triangle L}$ 等于相电流 $I_{\triangle P}$ 的 $\sqrt{3}$ 倍，即

$$I_{\triangle L} = \sqrt{3} I_{\triangle P}$$

3）三相电路的功率

三相负载的有功功率等于各相功率之和，即

$$P = P_1 + P_2 + P_3$$

在对称三相电路中，无论负载是Y连接还是△连接，由于各相负载相同、各相电压大小相等、各相电流也相等，因此三相功率为

$$P = 3U_P I_P \cos\varphi = \sqrt{3} U_L I_L \cos\varphi$$

式中 φ——对称负载的阻抗角，是负载相电压与相电流之间的相位差。

三相电路的视在功率为

$$S = 3U_P I_P = \sqrt{3} U_L I_L$$

三相电路的无功功率为

$$Q = 3U_P I_P \sin\varphi = \sqrt{3} U_L I_L \sin\varphi$$

三相电路的功率因数为

$$\lambda = \frac{P}{S} = \cos\varphi$$

例 2-5 有一对称三相负载，每相电阻为 $R = 6\ \Omega$，电抗 $X = 8\ \Omega$，三相电源的线电压为 $U_L = 380\ V$。求：（1）负载作Y连接时的功率 P_Y；（2）负载作△连接时的功率 $P_\triangle$。

解 每相阻抗均为 $|Z| = \sqrt{6^2 + 8^2}\ \Omega = 10\ \Omega$，功率因数 $\lambda = \cos\varphi = R/Z = 0.6$。

（1）负载作Y连接时

相电压

$$U_{YP} = \frac{U_L}{\sqrt{3}} = 220\ V$$

线电流等于相电流

$$I_{YL} = I_{YP} = \frac{U_{YP}}{|Z|} = 22\ A$$

负载的功率

$$P_Y = \sqrt{3} U_L I_{YL} \cos\varphi = 8.7\ kW$$

（2）负载作△连接时

相电压等于线电压

$$U_{\triangle P} = U_L = 380\ V$$

相电流

$$I_{\triangle P} = \frac{U_{\triangle P}}{|Z|}$$

线电流

$$I_{\triangle L} = \sqrt{3} I_{\triangle P} = 66\ A$$

负载的功率

$$P_\triangle = \sqrt{3} U_L I_{\triangle L} \cos\varphi = 26\ kW$$

所以 $P_\triangle$ 为 P_Y 的 3 倍。

2.3.4 学习评价

评价项目	评价内容	分值/分	自评	互评	师评
职业素养 （50 分）	劳动纪律，职业道德	10			
	积极参加任务活动，按时完成工作任务	10			
	团队合作，交流沟通能力良好，能够合理处理合作中的问题和冲突	10			
	爱岗敬业，具有安全意识、责任意识、服从意识	10			
	能够用专业的语言正确、流利地展示成果	10			
专业能力 （50 分）	专业资料检索能力	10			
	了解单相正弦交流电基础	10			
	了解三相交流电源的产生和特点	10			
	掌握交流电的表示方法	10			
	能够分析各交流电路	10			
总计	好（86~100分），较好（70~85分），一般（<70分）	100			

2.3.5 复习与思考

1. 某正弦电流的频率为 20 Hz，有效值为 $5\sqrt{2}$ A，在 $t=0$ 时，电流的瞬时值为 5 A，且此时刻电流在增加，求该电流的瞬时值表达式。

2. 图 2-3-24 所示的相量图，已知 $U=220$ V，$I_1=10$ A，$I_2=5\sqrt{2}$ A，它们的角频率是 ω，试写出正弦量的瞬时值表达式及其相量。

3. 图 2-3-25 所示的电路为三相对称电路，其线电压 $U_L=38$ V，每相负载 $R=6\ \Omega$，$X=8\ \Omega$。试求相电压、相电流、线电流，并画出电压和电流的相量图。

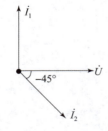

图 2-3-24 题 2 图

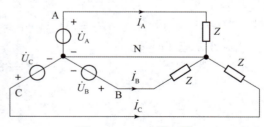

图 2-3-25 题 3 图

4. 三相电阻每相电阻 $R=8.68\ \Omega$，求：

（1）三相电阻作 Y 连接，接在 $U_L=380$ V 的对称电源上，电炉从电网吸收多少功率？

（2）三相电阻作 △ 连接，接在 $U_L=380$ V 的对称电源上，电炉从电网吸收的功率是多少？

阅读拓展

2023年11月18日，南京市集成电路校地融合发展大会在浦口高新区举行，全国首个集成电路领域成果交易的专业平台——"芯成果"集成电路成果交易平台正式上线。浦口区与多家高校院所联合发起的集成电路校地融合联盟同步成立。

"芯成果"集成电路成果交易平台由南京邮电大学自主研发，以成果交易为核心功能，提供技术、人才、法律、金融等全流程服务。该平台将依托南邮科教资源和人才储备的优势，聚焦产业发展痛点堵点，助力浦口打造集成电路产业"芯高地"。

集成电路是浦口最具特色的主导产业。2024年3月，该区与南邮签约共建集成电路科学与工程学院（产教融合学院），以"引校入园"探索全新产业人才培养模式，首批400余名研究生已在浦口高新区开始求学生涯。为扩大集成电路人才供给，打造多元化公共服务平台，浦口区政府与清华大学、南京大学、东南大学、南京邮电大学、江苏省产业技术研究院、国家芯火平台（南京）等多家单位联合发起成立集成电路校地融合联盟。联盟将深化产学研交流，为浦口集成电路产业高质量发展提供智力支持。

本次大会现场，浦口高新区8家集成电路企业与南京邮电大学签署战略合作协议，紫金山产才融合（集成电路）示范基地、浦口高新区校地联合人才培育中心同步揭牌。

学习资源

李文航：在电路世界探索出彩人生

神奇的电路积木

电路游戏

电工工艺与技术训练

学生工作页

《电工工艺与技术训练》学生工作页

学习章节	单元二　电路基础认知	学时	6
学习目标： 1. 学习电路和电路模型的组成。 2. 了解直流电路基础知识。 3. 学习正弦交流电路基础知识。 4. 认识实验台的各组成部分和各种电路元件的名称。 5. 验证基尔霍夫定律的正确性，加深对基尔霍夫定律的理解。 6. 认识交流电的表示方法，并学会分析各交流电路			
学习内容			岗位要求
1. 了解电路的基本组成元素。 2. 熟悉电路模型的作用。 3. 了解直流电路基本物理量的含义。 4. 学会验证基尔霍夫定律。 5. 掌握交流电的表示方法。 6. 学会分析各交流电路。 7. 掌握对称三相负载丫连接和△连接时，负载线电压和相电压、线电流和相电流的关系			掌握电路的概念和组成；了解电路模型；掌握直流电路的基本物理量；掌握基尔霍夫定律；理解交流电的含义；掌握单相正弦交流电的基础知识；了解三相交流电源的产生和特点
学习记录			易错点
知识拓展及参考文献	[1] 邢月明. 电梯门回路检测功能的设计要求与案例分析 [J]. 中国电梯，2024，35（1）：45－47＋51. [2] 吴杰，刘洋. 汽车车身控制器输入电路的设计与分析 [J]. 内燃机与配件，2023（21）：54－56. [3] 李虎群，张哲，吴飞龙，等. 低功耗精密电源监控电路设计与开发 [J]. 电子产品世界，2023，30（10）：21－24. [4] 易壮成，魏云. 家用和类似用途电器可编程电子电路功能安全要求解读 [J]. 日用电器，2023（7）：97－103. [5] 吴华娟. 以电子技术为基础的声光控制照明电路设计研究 [J]. 光源与照明，2023（06）：180－182. [6] 马可可. 我国集成电路布图设计法律保护研究 [J]. 合作经济与科技，2023（12）：186－189.			
总结评价			

单元三　电工工具与材料认知

学习目标

知识目标

(1) 了解常用电工工具的相关知识。
(2) 熟悉常用电工材料。
(3) 了解不同电工工具与材料之间的区别。

技能目标

(1) 学会正确选用电工工具。
(2) 能够认识和选用常用电工材料。
(3) 掌握电工工具与材料的使用技巧。

素质目标

(1) 增强安全意识。
(2) 培养实践能力和实事求是的求知精神。
(3) 养成严谨认真的工作习惯。

知识导入

电工工具是专门用于电气工程施工和维修的工具，主要有以下几方面的作用。

(1) 电工工具在电气工程的施工过程中起到了至关重要的作用。在电气线路的布线、接线和安装过程中，需要使用各种电工工具来完成各项操作，例如，电钳可以用来剥线、剪线和夹紧线缆，电动螺丝刀可以用来拧紧螺钉，电动钻可以用来钻孔，电焊机可以用来焊接电缆等。这些工具的使用可以极大提高施工的效率和质量。

(2) 电工工具在电气设备的维修和故障排除过程中也发挥着重要的作用。在电气设备出现故障时，需要使用各种电工工具来进行检修和维修，例如，验电器可以用来检验导线和电气设备是否带电，从而排查接地故障。这些电工工具的使用可以帮助电工快速准确地找到故障点，并进行修复。

(3) 电工工具还可以用于电气设备的安装和调试。在电气设备的安装过程中，需要使用各种电工工具来固定设备和连接电缆，例如，螺丝刀可以用来拧紧螺钉，扳手可以用来拧紧螺母，电缆剥线器可以用来剥去电缆的绝缘层等。在设备调试过程中，需要使用各种测试仪器和电工工具来调节设备的参数和性能，例如，频谱分析仪可以用来分析电路的频谱特性，示波器可以用来观测电路的波形，电压表可以用来测量电路的电压等。

综上所述，电工工具在电气工程中具有多方面的作用。它们可以提高施工和维修的效率和质量，帮助电工快速准确地找到故障点并进行修复，确保设备的正常运行和性能优化。因此电工工具是电气工程中不可或缺的重要工具。

模块 3.1　常用电工工具

3.1.1　模块目标

（1）了解常用电工工具的分类。
（2）学习电工工具的使用常识。

3.1.2　模块内容

（1）掌握电工工具的选用方法。
（2）学会常用电工工具的使用方法。

3.1.3　必备知识

3.1.3.1　常用工具及其使用常识

1. 验电器

验电器又称验电笔，俗称电笔，是检验导线和电气设备是否带电的一种电工常用检测工具，分为低压验电器和高压验电器两种。

1）低压验电器

低压验电器有氖气电笔和数字显示电笔两种类型，随着电工工具的发展，氖气电笔基本退出市场，被数字显示电笔取代。目前，电工使用的低压验电器多为数字显示电笔，它的测量范围是 12～220 V。只要带电体与大地之间的电位差超过一定的数值（一般为 12 V），数字显示电笔上的显示屏就会显示。为了便于使用和携带，验电器常做成笔式结构，前端是金属探头，做成一字形螺丝刀状利于使用，内部是晶体部件，后端是一个测量键和挂钩。测量时接触测量键，显示被测物体实际对大地的电压（直读）。

（1）使用方法。

①必须按照图 3-1-1 所示方法握住笔身，并使氖管小窗（数字显示电笔为液晶屏）背光朝向自己，以便于观察。

②为防止金属探头触及人手，在螺丝刀式验电器的金属杆上，必须套上绝缘套管，仅留出刀口部分供测试需要。

（2）使用注意事项。

①使用验电器前一定要检查或确认其能正常显示数值。

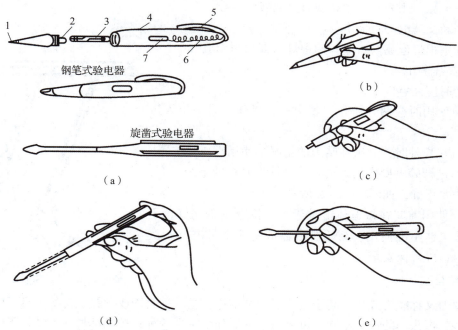

图3-1-1 验电器结构及使用方法

（a）验电器结构；（b）（d）验电器的正确握法；（c）（e）验电器的错误握法
1—金属探头；2—电阻；3—氖管；4—笔身；5—测量键和推钩；6—弹簧；7—小窗

②验电器不能放置在有水或其他湿度比较大的场所。

③塑料产品要远离高温场所。

④有些电气设备工作时外壳因感应生电，但不一定会造成触电危险。这时可采用其他检测方法判断。

⑤验电器的金属探头多制成螺丝刀状，由于结构的原因，它只能承受很小的扭矩，因此，使用时要特别注意，以防损坏。

⑥验电器不能受潮，不能随意拆装或受到剧烈振动。

⑦应经常在带电体上试测，以检查验电器是否完好。不可靠的验电器严禁使用。

（3）低压验电器使用技巧。

①判断同相与异相。

口诀：判断两线相同异，两手各持一支笔，两脚与地相绝缘，两笔各触一要线，用眼观看一支笔，不亮同相亮为异。说明：此项测试时，切记两脚与地必须绝缘。我国大部分是380/220 V供电，且变压器普遍采用中性点直接接地，所以做测试时，人体与大地之间一定要绝缘，避免构成回路，导致误判。测试时，两验电器亮与不亮显示一样，故只看一支即可。

②判断380/220 V三相三线制供电线路相线接地故障。

口诀：星形接法三相线，电笔触及两根亮，剩余一根亮度弱，该相导线已接地；若是几乎不见亮，金属接地的故障。说明：电力变压器的二次侧一般都为Y连接，在中性点不接地的三相三线制系统中，用验电器触及三根相线时，有两根比通常稍亮，而另一根上的亮度要弱一些，则表示这根亮度弱的相线有接地现象，但还不太严重；如果两根很亮，而剩余一根几乎看不见亮，则表示这根相线有金属接地故障。

③判断交流电与直流电。

氖管单根灯丝亮为直流，两根灯丝都亮为交流。

2) 高压验电器

使用时应注意以下几点。

(1) 使用时应两人协作，其中一人操作，另一个人进行监护。

(2) 在户外时，必须在晴天的情况下使用高压验电器。

(3) 进行验电操作的人员要戴上符合要求的绝缘手套，并且握法要正确，如图3-1-2所示。

(4) 使用前应在带电体上试测，以检查是否完好，不可靠的验电器不准使用。高压验电器应每6个月进行一次耐压试验，以确保安全。

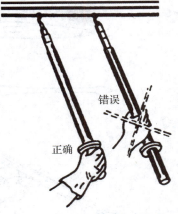

图3-1-2 高压验电器握法

2. 螺丝刀

螺丝刀又称螺钉旋具、起子、旋凿、改锥等，是一种紧固或拆卸螺钉的工具。螺丝刀的种类很多，按头部的形状不同，可分为一字形和十字形两种；按柄部材料和结构不同，可分为木柄、塑料柄和夹柄三种，其中塑料柄具有较好的绝缘性能，常用的螺丝刀有以下几种。

(1) 一字形螺丝刀。一字形螺丝刀，如图3-1-3（a）所示，用来紧固或拆卸一字槽的螺钉和木螺钉，有木柄和塑料柄两种。其规格用柄部以外的刀体长度表示，常用的有100 mm、150 mm、200 mm、300 mm和400 mm五种。

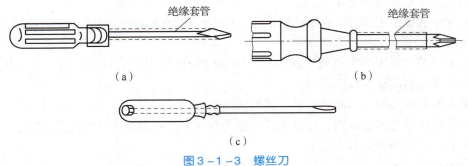

图3-1-3 螺丝刀
(a) 一字形螺丝刀；(b) 十字形螺丝刀；(c) 穿心形螺丝刀

(2) 十字形螺丝刀。十字形螺丝刀，如图3-1-3（b）所示，专供紧固或拆卸十字槽的螺钉和木螺钉，有木柄和塑料柄两种。其规格用刀体长度和十字槽规格号表示，十字槽规格号有4种，适用的螺钉直径Ⅰ号为2~2.5 mm，Ⅱ号为3~5 mm，Ⅲ号为6~8 mm，Ⅳ号为10~12 mm。

(3) 夹柄螺丝刀（又称通芯螺丝刀）。夹柄螺丝刀的柄部是木柄，夹在螺丝刀扁平形的尾部两侧，是一种特殊结构的一字形螺丝刀（现在市场上也有十字形出售），它比普通螺丝刀耐用，多用于机修，但禁用于有电的场合。其规格用螺丝刀全长表示，常用的有150 mm、

200 mm、250 mm 及 300 mm。

（4）多用螺丝刀。多用螺丝刀是一种组合工具，它的柄部和刀体是可以拆卸的，附有三种不同尺寸的一字形刀体，两种规格号（Ⅰ号和Ⅱ号）的十字形刀体和钢钻。换上钢钻后，可用来预钻木螺钉的底孔，它采用塑料柄，规格以全长表示。

（5）助力自动螺丝刀。助力自动螺丝刀主要有气动螺丝刀、电动螺丝刀及其他自动、半自动螺丝刀。在大规模的修理、安装中使用越来越广泛。

一般螺钉的螺纹是正螺纹。顺时针为拧入，逆时针为拧出。

使用电工螺丝刀时应注意的事项有以下几点。

（1）电工不要使用穿心（金属杆直通）形螺丝刀，如图 3-1-3（c）所示，不安全。

（2）为了避免金属触及皮肤或触及邻近的带电体，应在螺丝刀的金属杆上套上绝缘套管。

3．钢丝钳

钢丝钳有铁柄和绝缘柄两种，绝缘柄为电工用钢丝钳，常用的规格有 150 mm、175 mm 和 200 mm 三种，一般用来弯绞和钳夹导线线头，紧固或拧松螺钉，剪切导线或剖削软导线绝缘层等。

1）各部分作用

钢丝钳各部分位置及握法如图 3-1-4 所示。

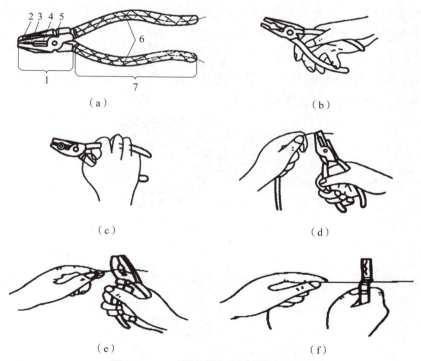

图 3-1-4　钢丝钳各部分位置及握法

（a）电工用钢丝钳；（b）握法；（c）坚固螺母；（d）钳夹导线线头；（e）剪切导线；（f）侧切钢丝

1—钳头；2—钳口；3—齿口；4—刀口；5—侧口；6—绝缘管；7—钳柄

 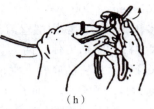

(g) (h)

图3-1-4 钢丝钳各部分位置及握法（续）

（g）拧钢丝；（h）剖削软导线绝缘层

（1）钳口：用来弯绞和钳夹导线线头。
（2）齿口：用来固紧或起松螺母。
（3）刀口：用来剪切导线或剖削软导线绝缘层。
（4）侧口：用来侧切钢丝和铅丝等较硬金属线材。
（5）钳柄上套有耐压500 V以上的绝缘管。

2）使用电工钢丝钳时应注意的事项

（1）带电操作时要事先检查钢丝钳手柄的绝缘套是否完好，使用钢丝钳时的握法如图3-1-4（b）所示。
（2）不准拿钢丝钳当手锤敲打使用。
（3）手柄不带绝缘套的钢丝钳只能在不带电的情况下使用。
（4）剪切导线时，不可同时剪切相线和零线或同时剪切两根相线，以防短路。
（5）钳头的轴销上应经常加机油润滑。

4. 尖嘴钳

尖嘴钳的头部尖细，适用于狭小工作空间的操作。其刀口能剪断细小金属丝、夹持较小零件、弯折导线，如图3-1-5所示。

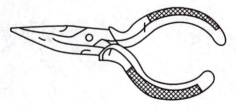

图3-1-5 尖嘴钳

5. 断线钳

断线钳又称斜口钳，专供剪断较粗的金属丝、线材及导线电缆时使用，如图3-1-6所示。

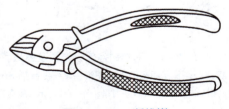

图3-1-6 断线钳

6. 剥线钳

剥线钳是用来剥削小直径导线绝缘层的专用工具。钳头上有多个大小不同的切口，适用于不同规格的导线，如图 3-1-7 所示。使用时导线必须放在稍大于线芯直径的切口上切剥，以免损伤线芯。

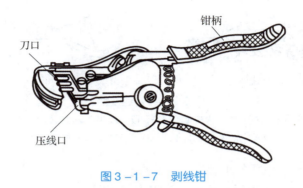

图 3-1-7 剥线钳

7. 电工刀

电工刀是用来剥削电线绝缘层、切割木台缺口、削制木桩及软金属的工具，如图 3-1-8（a）所示，由刀身和刀柄组成。常用的规格按刀片长度分为 88 mm 和 112 mm 两种。

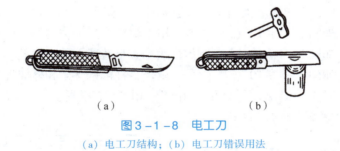

图 3-1-8 电工刀
（a）电工刀结构；（b）电工刀错误用法

使用电工刀时应注意的事项有以下几点。
（1）不能在带电导线或器材上切削，以防触电。
（2）使用时刀口朝向外切削。
（3）使用完毕，随时把刀身折回刀柄。
（4）不准用锤子敲击电工刀刀背，如图 3-1-8（b）所示。

8. 活扳手

活扳手是用来拧动螺母或螺栓的工具。如图 3-1-9（a）所示，活扳手由动扳唇、扳口、定扳唇、蜗轮、手柄和轴销六部分组成。其常用的规格按长度表示有 100 mm、150 mm、200 mm、250 mm、300 mm、375 mm、400 mm 和 600 mm。

如图 3-1-9 所示，使用扳手时，旋动蜗轮以调节扳口大小，使扳手紧密地卡住螺母，不可太松，否则会损坏螺母外缘。扳拧较大螺母时，需要较大的力矩，手应握住手柄尾处。扳拧较小螺母时，需要的力矩较小，手可靠前随时调节蜗轮，防止打滑。

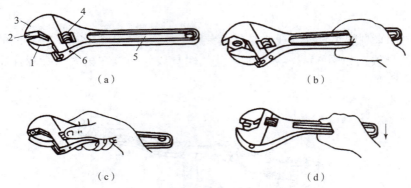

图3-1-9 活扳手
(a)活扳手结构;(b)扳较大螺母时握法;(c)扳较小螺母时握法;(d)错误握法
1—动扳唇;2—扳口;3—定扳唇;4—蜗轮;5—手柄;6—轴销

使用电工活扳手时应注意的事项有以下几点。
（1）活扳手不可反用，动扳唇不可作为重力点使用。
（2）使用时不可用钢管接长柄部来施加较大的力矩。

3.1.3.2 线路安装工具及其使用常识

1. 墙孔錾

墙孔錾有圆榫錾、小扁錾、大扁錾和长錾4种。
（1）圆榫錾：如图3-1-10（a）所示，用来錾打混凝土结构的木榫孔。
（2）小扁錾：如图3-1-10（b）所示，用来錾打砖墙上的木榫孔。
（3）大扁錾：如图3-1-10（c）所示，用来錾打角钢支架和撑架等的埋没孔穴。
（4）长錾：图3-1-10（d）所示为圆钢长錾，用来錾打混凝土墙上通孔；图3-1-10（e）所示为钢管长錾，用来錾打砖墙上通孔。

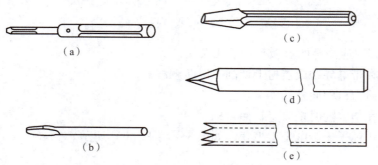

图3-1-10 墙孔錾
(a)圆榫錾;(b)小扁錾;(c)大扁錾;(d)圆钢长錾;(e)钢管长錾

在使用墙孔錾时要不断转动錾身，并经常拔离建筑面，使孔内灰沙、石屑及时排出，避免錾身堵塞在建筑物内。

2. 冲击钻

冲击钻是一种电动工具，如图3-1-11（a）所示，可以作为电钻，也可作为电锤使用,使用时只需要调至相应的挡位即可。

(1) 应在停转的情况下进行调速和调挡("冲"和"锤")。钻打墙孔时,应按孔径选配专用的冲击钻头,冲击钻头如图 3-1-11 (b) 所示。

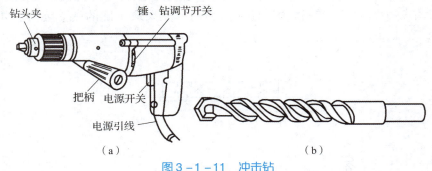

图 3-1-11　冲击钻

(a) 冲击钻结构;(b) 冲击钻头

(2) 钻打过程中,为了及时将土屑排除,应经常把钻头拔出;在钢筋建筑物上冲孔时,遇到坚硬物不应施加过大压力,避免钻头退火。

3. 紧线器

紧线器用来收紧户内外绝缘子线路和户外架空线路的导线,如图 3-1-12 所示。使用时定位钩必须钩住架线支架或横担,夹线钳头夹住需收紧导线的端部,然后扳动手柄,逐步收紧。

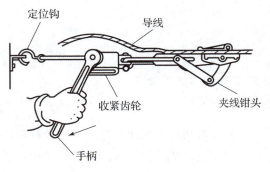

图 3-1-12　紧线器结构和使用方法

4. 管子钳

管子钳用来拧紧或拧松电线管上的束节或管螺母,使用方法与活扳手相同。管子钳结构如图 3-1-13 所示。

图 3-1-13　管子钳结构

5. 蹬板

蹬板又称踏板，用来攀登电杆。蹬板规格如图 3–1–14（a）所示。踏板绳长度一般应保持一人一手长，如图 3–1–14（b）所示。蹬板和蹬板绳均应能承受 300 kg 以上的质量，每半年要进行一次载荷试验。使用蹬板时，要采取正确的站立姿势，才能保持平稳，如图 3–1–14（c）所示。

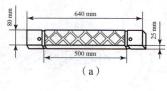

(a)

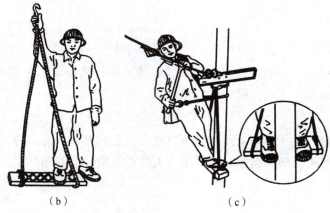

图 3–1–14　蹬板
(a) 蹬板规格；(b) 蹬板绳长度；(c) 在蹬板上作业的站立姿势

3.1.3.3　设备维修工具及其使用常识

1. 顶拔器

顶拔器俗称拉具，分为双爪和三爪两种，是拆卸皮带轮和轴承等的专用工具。顶拔器结构和使用方法如图 3–1–15 所示。使用时顶拔器各爪与中心丝杆应保持等距离。

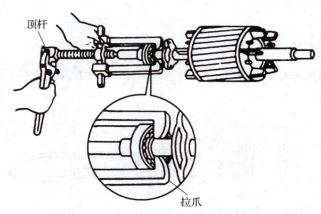

图 3–1–15　顶拔器的结构和使用方法

2. 套筒扳手

套筒扳手用来拧紧或拧松沉孔螺母，或在无法使用活扳手的地方使用。套筒扳手由手柄和套筒两部分组成，应选用适合螺母大小的套筒，如图 3-1-16 所示。

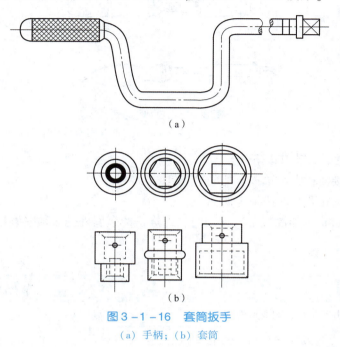

图 3-1-16 套筒扳手
(a) 手柄；(b) 套筒

3. 滑轮

滑轮俗称葫芦，专用于起吊较重的设备，如图 3-1-17 所示。

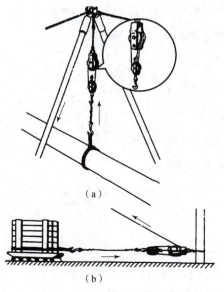

图 3-1-17 滑轮的使用
(a) 垂直吊物；(b) 水平拉物

4. 电烙铁

电烙铁是烙铁钎焊的热源，有内热式和外热式两种，如图 3-1-18 所示。

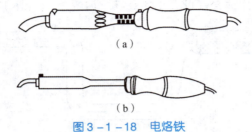

图 3-1-18 电烙铁
(a) 大功率电烙铁；(b) 小功率电烙铁

使用时应注意的事项有以下几点。
(1) 根据焊接面积大小选择合适的电烙铁。
(2) 电烙铁用完要及时拔掉电源插头。
(3) 在导电地面（如混凝土）使用时，电烙铁的金属外壳必须妥善接地，防止触电。

3.1.4 学习评价

评价项目	评价内容	分值/分	自评	互评	师评
职业素养（50分）	劳动纪律，职业道德	10			
	积极参加任务活动，按时完成工作任务	10			
	团队合作，交流沟通能力良好，能够合理处理合作中的问题和冲突	10			
	爱岗敬业，具有安全意识、责任意识、服从意识	10			
	能够用专业的语言正确、流利地展示成果	10			
专业能力（50分）	专业资料检索能力	10			
	了解常用电工工具的分类	10			
	了解电工工具的使用常识	10			
	掌握常见电工工具的使用方法	10			
	掌握电工工具的选用方法	10			
总计	好（86~100分），较好（70~85分），一般（<70分）	100			

3.1.5 复习与思考

1. 怎样使用蹬板爬杆？蹬板如何与安全带配合使用？
2. 处理不同导线接头要分别使用哪些工具？

模块 3.2　常用电工材料

3.2.1　模块目标

（1）了解导电材料、绝缘材料、磁性材料的相关知识。
（2）学习常用电工材料的应用。

3.2.2　模块内容

（1）学会正确选用各种材料。
（2）掌握常用电工材料的特性。

3.2.3　必备知识

3.2.3.1　导电材料

1. 导电材料的特性

导电材料大部分是金属，但不是所有金属都是导电材料。成为导电材料的金属必须同时具备下列5个特点。

（1）导电性能好（导电系数小）。
（2）有一定力学强度。
（3）不易氧化和腐蚀。
（4）容易铆接和焊接。
（5）资源丰富，价格便宜。

铜和铝基本符合上述条件，是最常用的导电材料。但是在某些特殊场合，也需要用其他金属或合金作为导电材料，如架空线需要较高的力学强度，常选用铝镁硅合金；保险丝要求熔点低，所以采用锡合金；电热材料（电炉丝）需要有较大的电阻系数，常选用镍铬合金或铁铬铝合金；电灯泡的灯丝要求熔点高，常选用钨丝。铜导线的导电性能、焊接性能及力学强度都比铝导线好，所以要求高的动力线（大负荷）、电气设备的控制线和电机、电器的线圈等大部分采用铜导线。铝导线的电阻系数比铜导线大，但它的密度小。同样长度的两根导线，如果要求它们的阻值一样，铝导线截面要比铜导线大1.68倍，但铝的密度只有铜的1/3。铝导线的截面虽然大些，但质量却只有铜导线的54%。铝的资源丰富，价格便宜。所以选用铝导线可以降低成本，减轻导线质量。目前架空线路、小型电缆都采用的是铝导线和铝合金。近年来，变压器和中小型电动机的线圈也有采用铝导线的，但是因为铝导线的焊接程序比较复杂，所以未被大规模推广使用。

2. 电线电缆

1）电线电缆的特点

电线电缆由于功用不同、应用场合不同，其结构、材料、工艺也各有不同。总的来看，电线电缆的特点可综合如下。

（1）产品性能的综合性。

在电线电缆的结构设计和选型时，根据产品用途、使用要求、敷设环境等综合考虑材料的电学性能（包括导电性能、绝缘性能、传输特性等）、力学性能、老化性能、材料间的相容性和其他性能（如金属的硬度、蠕变、高分子材料的不延燃性、耐辐射性能等），这就需要冶金、金属加工、电镀、高分子材料、电介质化学、电气绝缘及高分子流变学、传热学等方面的综合知识。

（2）产品应用的广泛性。

电线电缆包括用于传输电力的电力电缆，用于传递信息的通信电缆，用于电磁能转换的电磁线，用于控制、信号、航空航天、船舶、汽车、矿山等场合的专用电缆。游弋于浩渺太空的各类航空器材、横越大洋洋底连通各大洲的通信干线、繁忙穿梭的汽车火车、给设备带来无尽动力的各类电机、电器等诸多领域都有电线电缆的身影。

（3）使用材料的多样性。

从某种意义上来讲，电线电缆技术的发展史就是其材料的开发应用史。各种新材料的应用促进了电线电缆技术的发展，按属性分有金属材料、纤维材料、漆料、涂料、橡胶、塑料、无机材料和气体材料八大类材料，都应用于电线电缆的制造。

（4）结构的连续性。

电线电缆的结构是从内到外层层同心的结构，这就决定了电线电缆的应用只能从内到外依次连续进行，各工序之间紧密衔接、不能颠倒，也不能像其他机械产品一样进行零部件的装配组合。

（5）设备用途的专用性。

由于电线电缆结构的特殊性，电缆行业的设备不同于机械行业的其他加工设备。结合工艺的特点，电线电缆设备可以用铸、轧、压、拉、绞、挤、包、涂、镀几个字来概括和分类。

（6）质量要求的严格性。

电线电缆的连续性决定了上一工序的产品质量必将影响到下一工序。电线电缆不像其他机械产品一样可以对问题零部件进行拆除更换，一旦出现质量问题，将导致整根电线电缆的报废或只能截断处理。若是运行中的电线电缆发生故障，则会导致大面积的停电或信息传输中断，损失和影响将是巨大的。因此，对电线电缆产品的质量要求丝毫马虎不得。

总之，电线电缆是以材料为基础，以设备为关键，以工艺为保证的有机综合体。只有多方面的努力才能促进电线电缆技术的不断进步。

2）常用的电线电缆

常用的电线电缆按用途一般可分为四大类。

（1）裸导线。

主要用途：架空电力线路和配电器装置母线等。

基本特点：导体裸露，要求导线的电阻系数小，以减小线路的电压降和电能损耗；用于 110 kV 以上的线路时，电晕损耗和对外界电磁波的干扰小；力学强度、耐大气腐蚀能力强。

（2）绝缘电线。

主要用途：户内动力、照明配线、电气装置的安装连接线等。

基本特点：有绝缘层和一般的保护层，电气性能优良、稳定，有足够的力学强度和柔软性，运行安全可靠。

主要品种系列：橡皮绝缘电线、塑料绝缘电线。

（3）电力电缆。

主要用途：地下电网，发电站和变电所的引出线路，工矿企业内部线路。

基本特点：有良好的绝缘层，保护层等；绝缘强度高，输送功率大，有较长的使用寿命。

主要品种系列：黏性油浸纸绝缘电线、橡皮绝缘电线、塑料绝缘电缆。

（4）通信电缆。

主要用途：传输电话、电报、电视、广播数据和其他电信号。

基本特点：工作稳定，抗干扰能力强。

主要品种系列：对称电缆、同轴电缆、射频电缆。

3）电线电缆的基本结构

电线电缆结构一般由电缆外皮、内层绝缘、电缆芯几个部分构成，如图3-2-1所示。

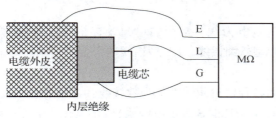

图3-2-1 电线电缆结构

（1）导电线芯。导电线芯的材料一般使用铝、铜、钢等优良导电体。导电线芯的标称截面面积系列见表3-2-1。

表3-2-1 导电线芯的标称截面面积

项次	类别	标称截面面积/mm²
1	基本系列	0.012，0.03，0.06，0.12，0.2，0.4，0.5，0.75，1.0，1.5，2.0，2.5，4，6，10，16，25，35，50，70，95，120，150，185，240，300，4 000，5 000，630，800，1 000
2	铝导线	1.5~1 000
3	架空线	10~400
4	电力电缆	2.5~800
5	三相芯线中的中性线	40%~60% 相线截面面积
6	通用控制电缆	0.75~10

（2）绝缘层材料：纤维、丝、橡皮、塑料、纸等。

（3）内保护层材料：棉纱或玻璃、丝编织、橡皮护套、塑料护套、铅皮护套等。

（4）外保护层材料：麻布、钢带、钢丝等。

（5）屏蔽层材料：半导电塑料、半导电橡皮、钢带、钢丝编织带等。

4) 电线电缆型号的一般表示方法

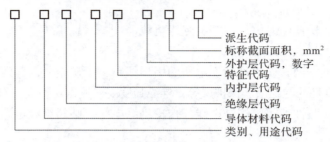

派生代码
标称截面面积，mm²
外护层代码，数字
特征代码
内护层代码
绝缘层代码
导体材料代码
类别、用途代码

具体的电力电缆、电气装备用电线电缆和通信电缆型号中代号的含义见电工手册。

3. 常用电线电缆表示方法

1) 裸导线

因为这类产品只有导体部分，没有保护层和绝缘结构，所以称为裸电线或裸导体制品。按产品结构和形状，裸导线分为单圆线、软接线、型线和裸绞线 4 种。

（1）单圆线。

单圆线主要是各种配电电力线，常用的单圆线有 5 种：TY 型硬圆铜线、TR 型软圆铜线、LY 型硬圆铝线、LR 型软圆铝线、HL 型铝镁硅合金单圆线。

（2）软接线。

凡是柔软的铜绞线和各种铜编织线都称为软接线，常用的有以下几种。

①TS，TSR 裸铜电刷线（其中 S 表示电刷线），供电机、电器线路连接电刷用。

②TRJ，TRJ - 3，TRJ - 4 是裸铜软绞线（其中 J 表示绞线），用于移动式电气设备，如开关、电热器等。TRJ - 3 可用于要求较柔软的电气设备连接线，如引出线、接地线等。TRJ - 4 可用于特别柔软的电气设备连接线，如整流电路、可控硅的引线等。

③TRZ - 1，TRZ - 2 软裸铜编织线（其中 Z 表示编织线），可用于移动式电气设备和小型电炉连接线。

其中，TRZ - 1，TRZ - 2 是扁线，TS，TSR，TRJ，TRJ - 3，TRJ - 4 是圆线。

（3）型线。

型线是非圆形截面的裸绞线，主要有以下几种。

①扁线。扁线主要分为以下几种：硬扁铜线 TBY、软扁铜线 TBR、硬扁铝线 LBY 及软扁铝线 LBR，主要用于电机、电器、安装配电设备及其他电工产品。

②母线。母线分硬铜母线 TMY、软铜母线 TMR、硬铝母线 LMY、软铝母线 LMR，主要用于电机、电器、安装配电设备及其他电工产品，也可作为输配电汇流用。

③铜带。铜带分硬铜带 TDY 和软铜带 TDR，适用于电机、电器、安装配电设备及其他电工产品。其中硬铜母线截面范围：厚度 $a = 2.24 \sim 31.5$ mm，宽度 $b = 16 \sim 125$ mm。

④裸绞线。裸绞线主要用于电力线路中，与电力电缆和绝缘线相比，它具有结构简单、制造方便、容易架设和维修、线路造价低等优点，因此得到广泛应用。但裸绞线用于架空线路时，容易受到外界影响且不能隐蔽。常用的裸绞线有裸铜绞线、裸铝绞线。

TRJ 型软铜绞线。其截面范围为 $10 \sim 500$ mm²，特点是柔软性好，供电机、电气设备端子间连接用，主要技术数据见表 3 - 2 - 2。

表 3-2-2　TRJ 型软铜绞线主要技术数据

标称截面面积/mm²	根数（直径/mm）	直流电阻/(Ω·km⁻¹)	计算质量/(kg·km⁻¹)	每卷长度/m
10	49（0.52）	1.832	98	2 000
16	49（0.64）	1.260	147	2 000
25	98（0.58）	0.695	242	2 000
35	133（0.58）	0.512	328	1 000
50	133（0.68）	0.375	451	1 000
70	189（0.68）	0.262	640	1 000
95	259（0.68）	0.195	878	500
120	259（0.76）	0.153	1 097	500
150	336（0.74）	0.134	1 350	500
185	427（0.74）	0.098	1 715	500
240	427（0.85）	0.081	2 260	250
300	513（0.85）	0.062	2 715	250
400	703（0.85）	0.045	3 724	250
500	703（0.95）	0.036	4 651	250

TJ 型铜绞线。其截面范围为 10～400 mm²，力学强度高，供架空电力线路用，主要技术数据见表 3-2-3。

表 3-2-3　TJ 型铜绞线主要技术数据

标称截面面积/mm²	根数（直径/mm）	铜截面面积/mm²	导线直径/mm	直流电阻/(Ω·km⁻¹)	拉断力/N	单位质量/(kg·km⁻¹)	制造长度/m
10	7（1.33）	9.73	3.99	1.87	3 580	88	5 000
16	7（1.68）	15.5	5.04	1.20	5 700	140	4 000
25	7（2.11）	24.5	6.33	0.740	8 820	221	3 000
35	7（2.49）	34.5	7.47	0.540	12 400	311	2 500
50	7（2.97）	48.5	8.91	0.390	17 450	439	2 000
70	19（2.14）	68.3	10.70	0.280	24 500	618	1 500
95	19（2.49）	92.5	12.45	0.200	38 800	837	1 200
120	19（2.80）	117	14.00	0.158	42 100	1 058	1 000
150	19（3.15）	148	15.75	0.123	51 800	1 338	800

续表

标称截面面积/mm^2	根数（直径/mm）	铜截面面积/mm^2	导线直径/mm	直流电阻/$(\Omega \cdot km^{-1})$	拉断力/N	单位质量/$(kg \cdot km^{-1})$	制造长度/m
185	37（2.49）	180	17.43	0.103	64 800	1 627	800
240	37（2.84）	234	19.88	0.078 0	84 300	2 120	800
300	37（3.15）	288	22.05	0.062 0	101 000	2 608	600
400	37（3.66）	389	25.62	0.047 0	136 000	3 521	600

LJ 型铝绞线。其截面规格为 10~600 mm^2，特点为质量轻、价格较便宜，主要用于 10 kV 以下的架空线，主要技术数据见表 3-2-4。

表 3-2-4　LJ 型铝绞线主要技术数据

标称截面面积/mm^2	根数（直径/mm）	铜截面面积/mm^2	导线直径/mm	直流电阻/$(\Omega \cdot km^{-1})$	拉断力/N	单位质量/$(kg \cdot km^{-1})$	制造长度/m
10	3（2.07）	10.1	4.46	2.896	1 630	27.6	4 500
16	7（1.70）	15.9	5.10	1.847	2 570	43.5	4 500
25	7（2.12）	24.7	6.36	1.188	4 000	67.6	4 000
35	7（2.50）	34.4	7.50	0.854	5 550	94.0	4 000
50	7（3.00）	49.5	9.00	0.593	7 500	135	3 500
70	7（3.55）	69.3	10.65	0.424	9 900	190	2 500
95	19（2.50）	93.3	12.50	0.317	15 100	257	2 000
95	7（4.14）	94.2	12.42	0.311	13 400	258	2 000
120	19（2.80）	117.0	14.00	0.253	17 800	323	1 500
150	19（3.15）	148.0	15.75	0.200	22 500	409	1 250
185	19（3.50）	182.8	17.50	0.162	27 800	504	1 000
240	19（3.98）	236.4	19.90	0.125	33 700	652	1 000
300	37（3.20）	297.6	22.40	0.099 6	45 200	822	1 000
400	37（3.70）	397.8	25.90	0.074 5	56 700	1 090	800
500	37（4.14）	498.1	28.98	0.059 5	71 000	1 376	600
600	61（3.55）	603.8	31.95	0.049 1	81 500	1 669	500

LGJ 型钢芯铝绞线（轻型为 LGJQ、加强型为 LGJJ），其截面规格为 10~400 mm^2（轻型为 150~700 mm^2、加强型为 150~400 mm^2），其特点及用途为，钢芯提高了力学强度，主要用于架空电力线路。

2）电磁线

电磁线主要在电机、电器及电工仪表中作为绕组或线圈的绝缘导线，由于导线外面有绝缘材料，因此电磁线可以按耐热等级分类。常用的电磁线按照使用绝缘材料不同，可分为漆包线、玻璃丝包线和纸包线三类。

（1）漆包线。

漆包线根据漆和截面的不同而有所区别，常用的漆包线有以下几种。

①油性漆线，型号 Q，耐压等级为 A。电气制作性能良好，漆膜力学强度较差，价格较低，可用于一般电机及电器绕组。

②缩醛漆包圆铜丝，型号 QQ-1，QQ-2。缩醛漆包圆铜丝、缩醛漆包扁铜线 QQB 与缩醛漆包扁铝线的耐压等级为 E 级。漆膜具有极优良的力学强度和电气性能，可用于中小型电机的绕组、油浸式变压器的线圈等。

③聚酯漆包圆铜线，型号 QZ-1，QZ-2。聚酯漆包圆铜线、聚酯漆包圆铝线 QZL-1、QZL-2，聚酯漆包扁铜线 QZB 与聚酯漆包扁铝线 QZLB 的耐压等级均为 B 级，同时有优良的电气性能，广泛应用于中小型电机的绕组、仪表的线圈等。

（2）玻璃丝包线。

常用的玻璃丝包线有两类：一类是在裸导体外配玻璃丝；另一类是在漆包线外面包玻璃丝。

（3）纸包线。

纸包线用在变压器中，耐压性能好（耐压等级为 A），价格便宜，大部分用于油浸式变压器的线圈。按照导体的材料及截面面积不同，纸包线可分为 4 种：纸包型纸包圆铜线、ZL 型纸包圆铝线、ZB 型纸包扁铝线、ZLB 型纸包扁铝线。

4. 电气装备用电线电缆

电气装备用电线电缆包括各种电气装备内部的安装连接，电气装备与电源之间的连接电线电缆，信号控制系统、低压配电系统用的绝缘线等。由于化工材料的高速发展，通信电缆大量使用了橡胶和塑料。在电力电线中，电线电缆范围最广、品种也最多。按使用特性，电线电缆可分为以下七类（最常用的为前四类）。

（1）通用电线电缆。

（2）电机与电源用电线电缆。

（3）仪器仪表用电线电缆。

（4）信号控制用电缆。

（5）交通运输用电线电缆。

（6）地质勘探和采掘用电线电缆。

（7）直流高压软电缆。

电线电缆主要由导电线芯、绝缘层和保护层构成。因为使用条件和技术特性不同，所以产品结构差别很大，有些产品只有线芯和绝缘层，有些产品在绝缘层外还加有保护层，有些产品（如电缆）在绝缘层外面还加有几层不同用途的保护层。

目前移动的电线电缆和内线安装都用铜做导电线芯，因为铜的导电性能和力学强度比铝好；架空导线普遍采用铝导线，因为铝质量轻、价格便宜。电线电缆导电线芯截面面积为

$0.012 \sim 1\,000\ mm^2$,线芯从单根到几千根不等。

①铜、铝芯聚氯乙烯绝缘软电线（塑料绝缘线）。

型号：BV（铜芯），BLV（铝芯）。其标称截面面积范围见表 3-2-5，主要技术数据见表 3-2-6。

表 3-2-5　铜、铝芯聚氯乙烯绝缘软电线标称截面面积范围

芯数	排列型号	标称截面面积范围/mm^2	
		BV	BLV
1	单芯	0.2~185	1.0~185
2	平型	0.03~10	1.5~10
2.3	绞型	0.03~0.75	—

表 3-2-6　铜、铝芯聚氯乙烯绝缘软电线主要技术数据

标称截面面积/mm^2	根数（直径/mm）	最大外径/mm	备注
0.2	1（0.50）	1.4	只有 BV 型线
0.3	1（0.60）	1.5	只有 BV 型线
0.4	1（0.70）	1.7	只有 BV 型线
0.5	1（0.80）	2.0	只有 BV 型线
0.75	1（0.97）	2.4	只有 BV 型线
1.0	1（1.13）	2.6	
1.5	1（1.37）	3.3	
2.5	1（1.76）	3.7	
4	1（2.24）	4.2	
6	1（2.73）	4.8	
10	7（1.33）	6.6	
16	7（1.70）	7.8	
25	7（2.12）	9.6	
35	7（2.50）	10.8	
50	19（1.83）	13.2	
70	19（2.40）	14.9	
95	19（2.50）	17.3	

续表

标称截面面积/mm²	根数（直径/mm）	最大外径/mm	备注
120	37（2.00）	18.1	
150	37（2.24）	20.2	
185	37（2.50）	22.2	

特点及用途：结构简单，成本低，耐湿性和耐气候性好。其广泛用于交流 500 V 以下、直流 1 000 V 以下的各种线路中。

②铜、铝芯聚氯乙烯绝缘聚氯乙烯护套线（塑料护套线）。

型号：BVV（铜芯），BLVV（铝芯）。

截面范围：0.75～10 mm²（铜芯），1.5～10 mm²（铝芯）。

特点及用途：有绝缘护套，绝缘性和力学强度高，有单芯、双芯和三芯三种规格。其可直接敷设于墙体、混凝土楼板空心中，广泛用于室内照明、动力线路。

③铜芯聚氯乙烯绝缘软线。

型号：BVR

特点及用途：柔软性较好，用于配电装置中各设备的端子间的连接线。

④聚氯乙烯绝缘软线（日用小功率电线）。

型号：RV（铜芯聚氯乙烯绝缘软线），RVB（铜芯聚氯乙烯绝缘线平行软线），RVS（铜芯聚氯乙烯绝缘型软线）。

截面范围：0.12～6 mm²（RV 型），2×（0.12～2.5）mm²（RVB 型、RVS 型），广泛用于灯头接线及其他日用小功率电器电线，其主要技术数据见表 3－2－7。

表 3－2－7　聚氯乙烯绝缘软线主要技术数据

标称截面面积/mm²	根数（直径/mm）	外径		
		RV/mm	RVB/(mm×mm)	RVS/mm
0.12	7（0.16）	1.4	1.6×3.2	3.2
0.2	12（0.15）	1.6	2×4	4
0.3	16（0.15）	1.9	2.1×4.2	4.2
0.4	23（0.15）	2.1	2.3×4.6	4.6
0.5	28（0.15）	2.2	2.4×4.8	4.8
0.75	42（0.15）	2.7	2.9×5.8	5.8
1	32（0.20）	2.9	3.1×6.2	6.2
1.5	48（0.20）	3.2	3.4×6.8	5.8
2	64（0.20）	4.1	4.1×8.2	8.2

续表

标称截面面积/mm²	根数（直径/mm）	外径		
		RV/mm	RVB/(mm×mm)	RVS/mm
2.5	77（0.20）	4.5	4.5×9	9
4	77（0.20）	5.3		
6	77（0.32）	6.7		

5. 电热材料

电热材料用于制造各种电阻加热设备中的发热元件，可作为电阻连接到电路中，把电能转化为热能。对电热材料的基本要求是电阻系数高、加工性能好、能长期处于高温状态下工作，因此电热材料在高温时应具有足够的力学强度和良好的抗氧化性能。目前工业上常用的电热材料可分为金属电热材料和非金属电热材料两大类。

电热材料是制造电热元器件及设备的基础。电热材料选用恰当与否关系到电热设备的技术参数及应用规范，选用时必须综合考虑各项因素，并遵循如下原则。

（1）具有较高的电阻系数。

（2）电阻温度系数要小。

（3）具有足够的耐热性。高温条件下具有足够的力学性能，保证不变形；高温条件下具有化学稳定性，不易挥发，不与炉衬和炉内气体发生化学反应等。

（4）热膨胀系数不能太大，否则高温条件下尺寸变化太大，易引起短路等事故。

（5）应具有良好的加工性能，保证能加工成需要的各种形状，同时保证铆、焊容易。

（6）材料来源及价格也是应考虑的因素。

6. 电阻合金

电阻合金是制造电阻元件的主要材料之一，广泛用于电机、电器、仪器及其他电子设备中。电阻合金除了必须具备电热材料的基本要求以外，还要求电阻的温度系数低、阻值稳定。电阻合金按主要用途可分为调节元件用电阻合金、电位器用电阻合金、精密元件用电阻合金及传感元件用电阻合金4种，这里仅介绍前面两种。

（1）调节元件用电阻合金：主要用于电流（电压）调节与控制元件的绕组，常用的有康铜、新康铜、镍铬、镍铬铝等，它们都具有力学强度高、抗氧化性好及工作温度高等特点。

（2）电位器用电阻合金：主要用于各种电位器及滑线电阻，一般采用康铜、镍铬基合金和滑线锰铜。其中滑线锰铜具有抗氧化性好、焊接性能好、电阻温度系数低等特点。

7. 电机用电刷

电刷是用石墨粉末或石墨粉末与金属粉末混合压制而成的。按其材质不同，电刷可分为石墨电刷、电化石墨电刷、金属石墨电刷三类。

3.2.3.2 绝缘材料

1. 绝缘材料的主要性能、种类和型号

1）绝缘材料的主要性能

绝缘材料的主要作用是隔离带电的或不同电位的导体，使电流能按预定方向流动。绝缘材料大部分是有机材料，耐热性、力学强度和寿命比金属材料低很多。固体绝缘材料的主要性能指标有以下几项。

（1）击穿强度。

（2）绝缘电阻。

（3）耐热性。

（4）黏度、固体含量、酸值、干燥时间及胶化时间。

（5）力学强度。

根据各种绝缘材料的具体要求，相应规定抗张、抗压、抗弯、抗剪、抗撕、抗冲击等各种强度指标。

2）绝缘材料的种类和型号

电工绝缘材料分为气体、液体和固体三大类。为了全面表示固体电工绝缘材料的类别、品种和耐热等级，用4位数字表示绝缘材料的型号，其格式如下。

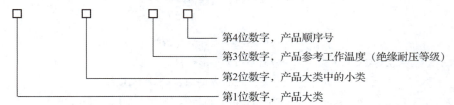

如有必要还可增加第5位数字或附加文字说明。电工绝缘材料型号中数字的含义见表3-2-8。

表3-2-8 电工绝缘材料型号中数字的含义

数字位置	基本含义	数字含义	备注
第1位数字	产品大类	1—漆，可聚合树脂和胶类 2—树脂浸渍纤维制品类 3—层压制品、卷绕制品、真空压力浸胶制品和引拔制品类 4—模塑料类 5—云母制品类 6—薄膜、粘带和柔软复合材料类 7—纤维制品类 8—绝缘液体类	
第2位数字	产品大类中的小类	a. 漆，可聚合树脂和胶类 0—有溶剂漆	0~9个数字中，空缺的数字供今后产品种类增加和新材料出现后使用

续表

数字位置	基本含义	数字含义	备注
第2位数字	产品大类中的小类	1—无溶剂可聚合树脂 2—覆盖漆、防晕漆、半导电漆 3—硬质覆盖漆瓷漆 4—胶粘漆，树脂 5—熔敷粉末 6—硅钢片漆 7—漆包线漆、丝包线漆 8—灌注胶、包封胶、浇铸树脂、胶泥、腻子 b. 树脂浸渍纤维制品类 0—棉纤维漆布 2—漆绸 3—合成纤维漆布、上胶布 4—玻璃纤维漆布、上胶布 5—混织纤维漆布、上胶布 6—防晕漆布、防晕带 7—漆管 8—树脂浸渍无纬绑扎带类 9—树脂浸渍造形材料 c. 层压制品卷绕制品、真空压力浸胶制品和引拔制品类 0—有机底材层压板 1—真空压力浸胶制品 2—无机底材层压板 3—防晕板及导磁层压板 5—有机底材层压管 6—无机底材层压管 7—有机底材层压棒 8—无机底材层压棒 9—引拔制品 d. 模塑料类 0—木粉填料为主的模塑料 1—其他有机填料为主的模塑料 2—石棉填料为主的模塑料 3—玻璃纤维填料为主的模塑料 4—云母填料为主的模塑料 5—其他有机填料为主的模塑料	

续表

数字位置	基本含义	数字含义	备注
第2位数字	产品大类中的小类	6—无填料塑料 e. 云母制品类 0—云母纸 1—柔软云母板 2—塑型云母板 4—云母带 5—换向器云母板 7—衬垫云母板 8—云母箔 9—云母管 f. 薄膜，粘带和柔软复合材料类 0—薄膜 1—薄膜上胶带 2—薄膜粘带 3—织物粘带 4—树脂浸渍柔软复合材料 5—薄膜绝缘纸柔软复合材料及薄膜漆布柔软复合材料 6—薄膜合成纤维纸柔软复合材料及薄膜合成纤维非织布柔软复合材料 7—多种材质柔软复合材料 g. 纤维制品类 0—非织布 1—合成纤维纸 2—绝缘纸 3—绝缘纸板 4—玻璃纤维制品 5—纤维毡 h. 绝缘液体类 0—合成芳香烃绝缘液体 1—有机硅绝缘液体	
第3位数字	产品参考工作温度	1—参考工作温度不低于105 ℃ 2—参考工作温度不低于120 ℃ 3—参考工作温度不低于130 ℃ 4—参考工作温度不低于155 ℃ 5—参考工作温度不低于180 ℃ 6—参考工作温度不低于200 ℃ 7—参考工作温度不低于220 ℃	对应于耐热等级依次为Y，A，E，B，F，H，C级
第4位数字	产品顺序号		

例如，1032 有机溶剂浸渍漆类，参考工作温度不低于 130 ℃，产品顺序号为 2；2012 棉纤维漆布类，参考工作温度不低于 105 ℃，产品顺序号为 2。

2. 绝缘漆

1）浸渍漆

浸渍漆主要用来浸渍电机、电器的线圈和绝缘零部件，填充其间隙和微孔，提高其电气及力学性能。

2）覆盖漆

覆盖漆有清漆和瓷漆两种，用于涂覆经浸渍处理后的线圈和绝缘零部件，在其表面形成连续而均匀的漆膜，作为绝缘保护层，防止机械损伤，以及大气、润滑油和化学药品的侵蚀。

3）硅钢片漆

硅钢片漆用于覆盖硅钢片表面，降低铁芯的涡流损耗，增强防锈及耐腐蚀能力。常用的油性硅钢片漆具有附着力强、漆膜薄、坚硬、光滑、厚度均匀、耐油、防潮等特点。

4）绝缘漆的主要性能指标

（1）介电强度（击穿强度）。绝缘被击穿时的电场强度。

（2）绝缘电阻。表明绝缘漆的绝缘性能，通常用表面电阻率和体积电阻率两项指标衡量。

（3）耐热性。绝缘漆在工作过程中的耐热能力。

（4）热弹性。绝缘漆在高温作用下能长期保持柔韧状态的性能。

（5）理化性能。黏度、固体含量、酸值、干燥时间和胶化时间等。

（6）干燥后的力学强度。绝缘漆干燥后所具有的抗压、抗弯、抗拉、抗扭、抗冲击等能力。

3. 其他绝缘制品

其他绝缘制品是指在电机、电器中作为结构、补强、衬垫、包扎及保护用的辅助绝缘材料。

（1）浸渍纤维制品：玻璃纤维漆布（或带）、漆管、绑扎带。

（2）层压制品：层压板、层压管、层压棒。

（3）模塑料：酚醛木粉模塑料和酚醛玻璃纤维模塑料。

（4）云母制品：柔软云母板、塑型云母板、云母带、换向器云母板、衬垫云母板。

（5）薄膜和薄膜复合制品。

（6）绝缘纸和绝缘纸板：绝缘纸、绝缘纸板。

（7）绝缘包扎带。

绝缘包扎带主要用于包缠电线和电缆的接头。它的种类很多，常用的有下面两种。

①黑胶布带。

②聚氯乙烯带。

4. 绝缘子

绝缘子主要用于支持和固定导线。下面主要介绍低压架空线路用绝缘子。

低压架空线路用绝缘子有针式绝缘子和蝴蝶形绝缘子两种，如图 3-2-2 所示，用于在电压 500 V 以下的交、直流架空线路中固定导线。

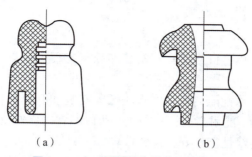

图 3-2-2 低压架空线路用绝缘子
（a）针式绝缘子；（b）蝴蝶形绝缘子

3.2.3.3 磁性材料

1. 软磁材料

软磁材料又称导磁材料，其主要特点是磁导率高、剩磁弱。

（1）电工用纯铁。

电工用纯铁的电阻率很低，铁纯度越高，磁性能越好。

（2）硅钢片。

硅钢片的主要特性是电阻率高，适用于各种交变磁场。硅钢片分为热轧和冷轧两种。

（3）普通低碳钢片。

普通低碳钢片又称无硅钢片，主要用来制造家用电器中的小电机、小变压器等的铁芯。

2. 硬磁材料

硬磁材料又称永磁材料，其主要特点是剩磁强。

（1）铝镍钴永磁材料。

铝镍钴永磁材料组织结构稳定，具有优良的磁性能、良好的稳定性和较低的温度系数。

（2）铁氧体永磁材料。

铁氧体永磁材料以氧化铁为主，不含镍、钴等贵重金属，价格低廉，材料的电阻率高，是目前产量最高的永磁材料。

3.2.4 常用电工材料的选用技术

3.2.4.1 电线电缆的选用方法

1. 电线电缆选用的原则

（1）按使用环境和敷设方法选择电线电缆的类型。

（2）按力学强度选择线芯的最小截面。

（3）按允许温升（允许截流面）选择电线电缆线芯截面。

（4）按允许电压损失选择电线电缆线芯截面。

（5）按（2）（3）（4）条件选择的电线电缆具有几种规格的截面时应取其中较大的规格。

(6) 必要时需按经济电流密度确定电线电缆线芯截面。

(7) 从经济和适用的观点出发,应贯彻带电体"以铝代铜",绝缘材料"以塑料代橡胶",电缆护层"以铝代铅"的原则。

2. 常用电线类型的选择

(1) 裸电线。架构简单,价格便宜,安装和维修方便,架空线应首选裸电线,并应选用铝绞线和钢芯铝绞线。

(2) 塑料绝缘线。绝缘性能良好,价格较低,安装和维修方便,无论明敷或穿管暗敷均能代替橡皮绝缘线,但不能耐高温,易老化,所以不宜在户外敷设。

(3) 橡皮绝缘线。绝缘性能较好,柔软性较好,耐油性较差,可在一般的环境中使用。带有玻璃编织保护层的橡皮线耐磨性、耐气候性较好,可用于户外穿管敷设。

(4) 氯丁橡皮绝缘线。耐油性好,不导热,不易霉,耐气候性好,可在户外敷设。

3. 常用电力电缆类型的选择

(1) 聚氯乙烯绝缘及护套电缆。质量轻,弯曲性能较好,接头制作简便,耐油、耐酸碱腐蚀,不易燃。没有敷设高差的限制,价格较便宜。但电气性能略差,可广泛用于室内外敷设。

(2) 橡皮绝缘电力电缆。弯曲性能较好,可在严寒气候下敷设。它不仅适用于固定敷设线路,也适用于定期移动的固定敷设线路,特别是水平高差大和垂直敷设场合。橡皮绝缘电力电缆还适用于连接移动式电气设备,但是橡皮绝缘电力电缆耐热、耐油性能差。

(3) 交联聚氯乙烯绝缘聚氯乙烯护套电力电缆。性能优良,结构简单,质量轻,载流量大,敷设水平高差不受限制。它具有良好的绝缘性和耐火性,价格较贵。

(4) 油浸纸绝缘电力电缆。电气绝缘性能优良,耐热能力强,允许运行温度较高。但弯曲性能差,敷设有一定的限制。

(5) 在考虑(1)(2)(3)(4)各因素后,还应根据敷设方式和环境条件选择一定外护层和铠装的电缆。

4. 按力学强度要求选择导线最小允许截面面积

按力学强度要求选择导线最小允许截面面积见表3-2-9。

表3-2-9 按力学强度要求选择导线最小允许截面面积

序号	用途	线芯最小截面面积/mm^2		
		铜芯软线	铜线	铝线
1	照明用灯头引下线: a. 民用建筑屋内 b. 工业建筑屋外 c. 屋外	0.4 0.5 1	0.5 0.8 1	2.5 2.5 2.5
2	移动式用电设备: a. 生活用 b. 生产用	0.2 1	— —	— —

续表

序号	用途	线芯最小截面面积/mm²		
		铜芯软线	铜线	铝线
3	架设在绝缘支架件上的绝缘导线,其支持点间距为 a. 1 m 以下屋内 b. 1 m 以下屋外 c. 2 m 以下屋内 d. 2 m 以下屋外 e. 2～6 m f. 6～12 m		1 1.5 1 1.5 2.5 2.5	1.5 2.5 2.5 2.5 4 6
4	使用绝缘导线的低压接户线路 a. 挡距 10 m 以下 b. 挡距 10～25 m		2.5 4	4 6
5	穿管敷设的绝缘导线	1	1	2.5
6	架空线路 a. 35 kV b. 6～10 kV c. 1 kV 以下	钢芯铝线 25 25 16	铝及铝合金线 35 35 16	

注：①屋内照明器如采用链吊或管吊，其灯头引下线为铜芯软线时，可适当用最小截面面积。
②配电线路与各种工程设施交叉接近，当采用铝绞线及铝合金线时，要求最小截面面积为 35 mm²；当采用其他导线时，要求最小截面面积为 16 mm²。
③高压配电线路不应使用单股线，裸铝线及裸铝合金线也不应使用单股线。
④采用铝绞线及铝合金线的高压配电线通过非居民区，或为引进建筑物的接户线时，最小允许截面面积为 25 mm²。

5. 按允许载流量选择电线电缆的截面面积

按允许载流量选择导线的截面面积时，应满足以下条件

$$I_{js} \leq I_y$$

式中　I_{js}——线路的计算电流，A；

　　　I_y——电线电缆的允许载流量，A。

选择计算时还应该注意以下几点。

（1）当敷设环境温度不同于规定数值时，其载流量 I_y 应乘以校正系数 K_t。

（2）当电线超过规定值或并行敷设电线，电缆根数较多时，其载流量应适当减小。

（3）对于单相或两相三线供电线路，其零线截面面积与相线截面面积应相同；对于三相线供电线路，其总零线截面面积约为相线截面面积的 40%～60%。

（4）为了使电线电缆在线路短路时不至于烧毁，一般情况下，应使电线电缆的允许载

流量与保护装置的动作电流相匹配。

6. 按允许电压损失选择电线电缆的截面面积

（1）线路的电压损失。

线路的电压损失一般计算方法为

$$\Delta U\% = \frac{(PR + QX)}{[10(U_N \cdot U_N)]}$$

式中　$\Delta U\%$——线路电压损失相对值，$(\Delta U\%/U_N) \times 100\%$；

　　　P, Q——线路供电有功、无功负荷，kW，kvar；

　　　R, X——线路阻抗，Ω；

　　　U_N——线路额定电压，V。

当线路截面面积较小，或线路采用电缆敷设，或线路供电负荷的功率因数较高时，可进行简化计算，即

$$\Delta U\% = \frac{(PL)}{(CS)} = \frac{M}{(CS)}$$

式中　P——供电负荷，kW；

　　　L——供电距离，m；

　　　M——负荷矩，kW·m；

　　　S——导线截面面积，mm²；

　　　C——计算常数，由电路相数、额定电压及导线材料的电阻率（ρ）等因素决定，见表3-2-10。

表3-2-10　计算常数 C

线路额定电压/V	供电系统	计算公式	C 值	
			铜芯线	铝芯线
380/220	三相四线	$10\rho U \cdot U_N$	77	46.3
380/280	两相三线	$4.44\rho U \cdot U_N$	34	20.5
220	单相或直流	$5\rho U \cdot U_N$	12.8	7.75
110			3.2	1.9
36			0.34	0.21
24			0.153	0.092
12			0.038	0.023

（2）常用设备允许电压偏移值和供电线路允许电压损失，见表3-2-11。

表3-2-11　线路允许电压损失

序号	线路类别	允许电压损失/%
1	配电线路	5~7
2	照明线路	5
3	户内照明线路	1.0~2.5

续表

序号	线路类别	允许电压损失/%
4	事故照明线路	10
5	电热供电线路	10
6	通信供电线路	5
7	变压器出口至户线末端	5~7

（3）按电压损失选择导线截面面积。

对于一般供电线路，导线截面面积为

$$S = \frac{M}{C\Delta U_C}$$

式中 ΔU_C——线路允许的电压损失，（%）。

例3-1 某一负荷 $P = 45$ kW，采用 380/220 V 供电电压，导线型号为 BLX，供电距离为 $L = 100$ m，按允许电压损失选择导线截面面积。

解 由表3-2-11查得　　　$\Delta U_C = 5\%$

由表3-2-10查得　　　$C = 46.3$

$$S = \frac{M}{C\Delta U_C} = 19 \text{ mm}^2$$

因此，S 取 25 mm²，零线取 16 mm²。

3.2.4.2 电线电缆选用的简单计算

导线的载流量与导线截面面积有关，也与导线的材料、型号、敷设方法以及环境温度等有关，影响因素较多，计算较复杂，但利用口诀再配合一些简单的心算，便可直接得出，不必查表。

1. 口诀

铝芯绝缘线载流量与截面面积的倍数关系口诀如下。

10下五，100上二，

25，35，四三界，

70，95，两倍半。

穿管、温度，八九折。

裸线加一半。

铜线升级算。

2. 说明

口诀对各种截面的载流量（A）不是直接指出的，而是用截面面积乘上一定的倍数来表示。为此将我国常用导线标称截面面积（mm²）排列如下。

1 mm²，1.5 mm²，2.5 mm²，4 mm²，6 mm²，10 mm²，16 mm²，25 mm²，35 mm²，50 mm²，70 mm²，95 mm²，120 mm²，150 mm²，185 mm²。

（1）第一句口诀指出铝芯绝缘线载流量（A）可按截面面积的倍数来计算。口诀中的阿拉伯数字表示导线截面面积（mm²），汉字数字表示倍数。把口诀的截面面积与倍数关系排列起来如下。

1～10 mm²	16 mm²、25 mm²	35 mm²、50 mm²	70 mm²、95 mm²	120 mm² 以上
↓	↓	↓	↓	↓
5 倍	4 倍	3 倍	2.5 倍	2 倍

现在再和口诀对照就更清楚了，口诀"10 下五"是指截面面积在 10 mm² 以下，载流量都是截面面数值的 5 倍；"100 上二"（读百上二）是指截面面积 100 mm² 以上的载流量是截面面数值的 2 倍；截面面为 25 mm² 与 35 mm² 是 4 倍与 3 倍的分界处，这就是口诀"25，35，四三界"；而截面面积为 70 mm²、95 mm²，则为 2.5 倍。从上面的排列可以看出，除 10 mm² 以下及 100 mm² 以上以外，中间的导线截面面积是每两种规格属同一倍数。

例如，铝芯绝缘线，环境温度为不大于 25 ℃时的载流量的计算：当截面面积为 6 mm² 时，算得载流量为 30 A；当截面面积为 150 mm² 时，算得载流量为 300 A；当截面面积为 70 mm² 时，算得载流量为 175 A。

从上面的排列还可以看出，倍数随截面面积的增大而减小，在倍数转变的交界处，误差稍大些。比如，截面面积为 25 mm² 与 35 mm² 是 4 倍与 3 倍的分界处，25 mm² 属 4 倍的范围，按口诀算为 100 A，但按手册为 97 A；而 35 mm² 则相反，按口诀算为 105 A，但查表为 117 A。不过这对使用的影响不大。当然，若能"胸中有数"在选择导线截面面积时，25 mm² 的不超过 100 A，35 mm² 的则可略超过 105 A。同样，2.5 mm² 的导线位置在 5 倍的始端，实际上不止 5 倍（最大可达到 20 A 以上），不过为减少导线内电能损耗，实际电流用不到这么大，手册中一般只标 12 A。

（2）后面三句口诀便是对条件改变的处理。"穿管、温度，八九折"是指，若穿管敷设（包括槽板等敷设，即导线加有保护套层，不裸露），则计算载流量后，打八折；若环境温度超过 25 ℃，则计算载流量后，打九折；若既穿管敷设，温度又超过 25 ℃，则载流量打八折后再打九折，或按打七折计算。

关于环境温度，按规定是指夏天最热月的平均最高温度。实际上，温度是变动的，一般情况下，对导线载流影响并不大。因此，只对某些高温车间或超过 25 ℃时间较多的地区，考虑打折扣计算导线截面面积。

例如，对铝芯绝缘线在不同条件下载流量的计算。

当截面面积为 10 mm² 穿管时，载流量为 10×5×0.8 A＝40 A；若为高温，则载流量为 10×5×0.9 A＝45 A；若是穿管又高温，则载流量为 10×5×0.7 A＝35 A。

（3）若导线为裸线，一般用于室外，散热良好，则载流量加 1/2 计算；若导线为铜线，可按上述口诀方法算出比铝线加大一个线号的载流量，如 16 mm² 铜线的载流量，可按 25 mm² 铝线计算。

3.2.4.3 电线电缆颜色的选择

《电气装置安装工程 1 kV 及以下配线工程施工及验收规范》（GB 50258—1996）（简称《规范》）第 3.1.9 条规定：当配线采用多相导线时，其相线的颜色应易于区分，相线与零线（中性线 N）的颜色应不同，同一建筑物、构筑物内的导线，其颜色选择应统一；保护地线（PE 线）应采用黄绿颜色相间的绝缘导线；零线宜采用淡蓝色绝缘导线。

1. 相线颜色

宜采用黄、绿、红三色。以三相电源接进建筑物住宅为例，三相电源引入三相电度表箱内时，相线宜采用黄、绿、红三色；单相电源引入单相电度表箱时，相线宜分别采用黄、绿、红三色。由单相电度表箱引入到住户配电箱的三芯护套线，其相线颜色没有必要和所接的进户线相线颜色一致。只有当用户采用三相电度表箱时，从三相电度表箱引入到住户配电箱的相线颜色应与进三相电度表箱的相线颜色一致。2～4 室进住户配电箱的相线可用黄、绿、红中的任意一种，因《规范》只规定配线采用多相导线时，相线颜色才要求易于区分。例如，2 室的用户出现断电时，因其单相电度表箱的进线是红色，只要用验电器检查进建筑物的红色相线是否有电，即可判断故障。

2. 中性线颜色

《规范》规定中性线宜采用淡蓝色绝缘导线。"宜"的含义是在条件许可时应首先采用淡蓝色。有的国家中性线采用白色，如果其建筑物因业主要求采用白色作中性线，那该建筑物内所有的中性线都应采用白色。如果中性线的颜色是深蓝色，那相线颜色不宜采用绿色，因为在暗淡的灯光下，深蓝色与绿色差别不大，此时若为单相供电相线颜色，则应采用红色或黄色。

3. 保护地线的颜色

《规范》规定应采用黄绿颜色相间的绝缘导线作为保护地线。"应"的含义是必须，在正常情况下必须采用黄绿相间的绝缘导线作为保护地线。

3.2.4.4 电线电缆选择的其他问题

1. 电线电缆选择与负载性质的关系

（1）对于照明及电热负荷，导线安全载流量≥所有电器的额定电流之和。

（2）对于动力负荷，当使用一台电动机时，导线安全载流量≥电动机的额定电流。

（3）对于动力负荷，当使用多台电动机时，导线安全载流量≥容量最大的一台电动机额定电流 + 其余电动机的计算负荷电流。

2. 电线电缆选择的其他问题

（1）照明线路，导线安全载流量≥熔体额定电流。

（2）动力线路，导线安全载流量×(1.5～1.8)≥熔体额定电流。

（3）三相四线制中性线的载流量应为相线载流量的 50% 及以上，二相三线或单相线路的中性线截面与相线相同。

（4）对于配电线路还应考虑在负荷电流通过线路时要产生的电压损耗或电压降。低压配电线路的电压损耗，一般不宜超过 4%。

（5）低压线路在敷设完工以后、接电之前，应进行绝缘电阻测量：用 500 V 兆欧表测量线路装置的每一支路、总熔断器和熔断器之间线段的导线和导线对大地的绝缘电阻，绝缘电阻不应小于下列数值,相对零或地≥0.22 MΩ;相对相≥0.38 MΩ。对于36 V安全低压线路,绝缘电阻也不应小于0.22 MΩ。

3.2.5　操作实施

3.2.5.1　双控开关控制电路安装

1. 技能目标

(1) 能够认识和选用常用电工工具。
(2) 能够认识和选用常用电工材料。
(3) 能够运用电工基本操作技能完成线路固定件的安装项目。

2. 实训步骤

本实训共使用2个开关,1盏日光灯和灯座,1个电度表,1个插座和电源线,元件布局如图3-2-3所示。

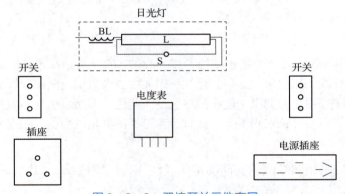

图3-2-3　双控开关元件布局

双控开关面线原理图如图3-2-4所示,左右开关分别控制日光灯通断。此电路可以用在很多场合,比如,家庭的卧室里,楼梯的下楼梯口和上楼梯口等。

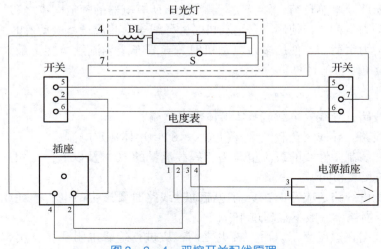

图3-2-4　双控开关配线原理

双控开关配线实物如图3-2-5所示。

图3-2-5 双控开关配线实物

各接线端如图3-2-6~图3-2-9所示。

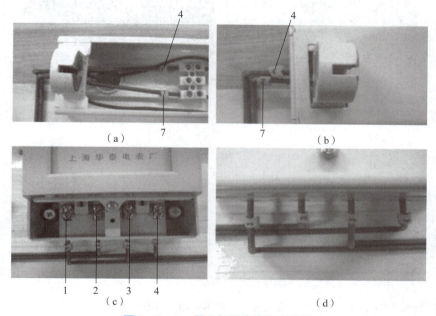

图3-2-6 日光灯及电度表配线图

(a)日光灯内部接线；(b)日光灯外部接线；(c)电度表内部接线；(d)电度表外部接线

图3-2-7 插座内部配线图

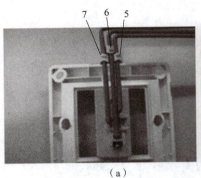 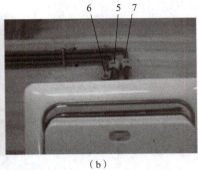

图3-2-8 右开关配线图

(a) 内部接线；(b) 外部接线

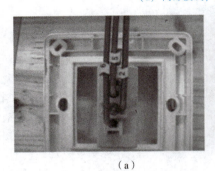 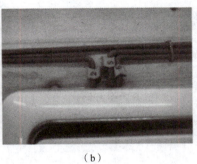

图3-2-9 左开关配线图

(a) 内部接线；(b) 外部接线

3.2.6 学习评价

评价项目	评价内容	分值/分	自评	互评	师评
职业素养 （50分）	劳动纪律，职业道德	10			
	积极参加任务活动，按时完成工作任务	10			
	团队合作，交流沟通能力良好，能够合理处理合作中的问题和冲突	10			
	爱岗敬业，具有安全意识、责任意识、服从意识	10			
	能够用专业的语言正确、流利地展示成果	10			
专业能力 （50分）	专业资料检索能力	10			
	了解导电材料、绝缘材料、磁性材料的相关知识	10			
	了解常用电工材料的应用	10			
	能够正确选用各种材料	10			
	掌握常用电工材料的特性	10			
总计	好（86~100分），较好（70~85分），一般（<70分）	100			

3.2.7 复习与思考

1. 导电材料的种类有哪些，分别用于哪些场合？
2. 导线按用途分有哪些种类？
3. 常用绝缘材料有哪些？
4. 磁性材料主要有哪些，应如何分类？
5. 生产生活中用电线路选用的电线电缆是不是载流量越大越好？
6. 为什么室外输电线绝大部分为铝制导线？

阅读拓展

付雷：普通的电工不普通的业绩

付雷，男，汉族，1980年2月出生，中共党员，本科学历，2003年7月参加工作，现为首钢水城钢铁（集团）有限责任公司（简称首钢水钢或水钢）铁焦事业部铁电车间电工，电气工程师、电气高级技师。曾荣获第一届和第三届"水钢工匠"、2016—2017年度首钢水钢"劳动模范"、贵州省有色冶金工会"金牌工人"、六盘水市"凉都工匠"、贵州省"最美劳动者"、贵州省有色冶金工会"产业工匠"等荣誉称号；2022年11月荣获贵州省第四届"贵州工匠"荣誉称号；2023年5月荣获"全国五一劳动奖章"。

坚持不懈，苦练内功，做电气维护检修的追梦人

了解付雷同志的领导说，他耐得住寂寞，爱钻研；跟付雷朝夕相处的同事说他没啥意思，除了学习还是学习……从技术工人到技术工匠，扎根电气检修一线的20年来，付雷从来没有停下学习钻研的脚步。

2005年，首钢水钢启动二烧筹建工作，刚上班两年的付雷被派往昆明钢铁控股有限公司（简称昆钢）交流学习，身为电工的付雷被昆钢先进的电气自动化技术所触动。他暗下决心，一定要下苦功掌握先进技术，为公司自动化建设尽力。为此，从昆钢学习回来后，他将全部业余时间用在了学习电气技术上。在电气技术的这座迷宫里，他像一个痴迷的游客，走过了一程又一程，苦心钻研电气技术。当时，首钢水钢电气自动化技术刚刚起步，身边擅长这方面技术的老师傅相对较少，网络也不像现在这么发达，全得靠自己一点一点地学习。碰上纯英文的指令代码、专业术语时，他整夜整夜搬着英文词典，一本一本地翻，一个指令一个指令地查询，一个公式一个公式地记，一遍一遍地画接线图……几年下来，凭着对电气自动化知识孜孜不倦的追求，付雷先后自学并掌握了AutoCAD、施耐德PLC、三菱PLC、欧姆龙PLC、上位机组态软件等大量自动控制知识。但他并不满足于此，而是将丰富的电气自动化理论知识运用到了具体生产实践之中，解决了一个又一个电气自动化技术难题。

自2021年以来，由付雷提出的多项合理化建议在实施后得到公司与业主的一致好评，如三高炉下料量误差原因巧处理项目获得了首钢水钢2021年度合理化建议与技术改进项目二等奖；四高炉制粉程序画面PLC网络分段改造项目获得了首钢水钢2021年度合理化建议与技术改进项目二等奖；三高炉制粉一期磨煤机出口温度与高炉煤气切断阀自动控制改造项目获得了首钢水钢2021年度合理化建议与技术改进项目二等奖；四高炉底流泵增加抗干扰与故障判断程序项目获得了首钢水钢2021年度合理化建议与技术改进项目二等奖，为企业节约了大量改造资金。

敢为人先，勇挑重担，做高炉稳顺生产的守护者

常言道："人在事上练，刀在石上磨。"多年来，凭借着丰厚的理论基础，付雷同志冲锋在前，勇挑重担，带领团队攻克了一个又一个难关，为高炉的长期稳定奠定了坚实的基础。

2021年1月，首钢水钢三高炉上料系统异常，电子秤显示出现负数，造成原料的大量消耗、炉况不稳、恢复时间过长等严重后果。为解决这一问题，付雷同志查阅大量资料，对照高炉运行参数，反复琢磨和钻研，制定并实施了一系列措施，迅速恢复了上料系统，保证了三高炉炉况稳定。2021年5月，四高炉制粉工业控制网络出现网络堵塞的问题，由于首钢水钢四高炉制粉中控室的网络控制与负责炉内操作的控制量分别在距离很远的地方，四高炉制粉控制室内的操作计算机又要读取四高炉中控室服务器的数据，光纤或者交换机、服务器、网线等一系列环节中的一个出现问题，就会造成四高炉制粉中控室无法操作喷煤制粉，而且一旦出现这些问题，3 h以内无法恢复正常通信，将直接影响高炉的正常生产，造成高炉休风。为此，付雷组织炉前专业技术人员进行讨论，通过增加一块通信适配器、新增交换机一台、修改PLC硬件程序与上位机画面程序，赋予不同的IP地址，有效解决了影响高炉正常生产的重大隐患，间接创造经济效益70余万元。此外，他还带领攻关团队先后完成了四高炉炉身温度监测系统恢复、四高炉矿槽系统单机设备故障造成高炉休风减风、四高炉制粉程序画面PLC网络分段改造、四高炉制粉煤粉风机报警可视化改造、三高炉制粉一期磨煤机出口温度与高炉煤气切断阀自动控制改造等技术攻关项目41项，直接创造经济效益200余万元，让烧结机、高炉、翻车机的生产延误和其造成的影响较2019年大幅降低。

不忘初心，矢志追求，做践行"工匠精神"的带头人

知识的积累和丰富的一线工作经验，让付雷成为解决现场问题的专家。不仅如此，工作中，他还特别注重用"匠人心"做好"传帮带"。

付雷领衔的工匠场创建于2018年，2019年1月经六盘水市总工会检查验收合格后命名为"凉都工匠场"。工匠场创建以来，先后开展技术攻关300余项。

仅2022年上半年，工匠场就完成了4号取料机移动小车拖揽钢绳支架改造的攻关、3小矿槽上铁料皮带增设启动预警信号的攻关、增设翻车机防车皮掉道压车信号的攻关和一期、二期制粉煤气管道新增安全切断阀控制系统改造，以及配料室北面称升级改造等技术攻关项目12项，累计创造经济效益470万元。付雷还主动承担了首钢水钢职工的培训重任，利用工匠场实训基地的优势，先后对多名职工进行现场培训。2019年，13名成员先后取得高、低压电工作业资格证，1名成员晋升为高级技师，5名成员晋升为技师资格，1名成员晋升为工程师；2019年工匠场成员肖云波、窦长飞参加首钢水钢第一届职工技术运动会，分别获得第四名、第六名的好成绩；2022年车间职工7名成员晋升为电气技师资格，在六盘水市2022年职工职业技能竞赛电工组决赛中工匠团成员肖云波获得三等奖，同时获得"凉都金牌工人"称号，团队人员技能水平得到明显提升。

2022年5月，付雷领衔的铁电车间自动化工匠场被首钢水钢技师学院命名为"工学一体化教学基地"；2022年11月，付雷被首钢水钢技师学院聘任为兼职教师，同时派遣老师与学生一同到铁电车间自动化工匠场学习,付雷帮助学校培养未踏出校门的学生提前熟悉工厂环境,提升技能,使其走出校门的时候就已经具备一定的实操技能,更能适应工作岗位的需求。2022年8月,铁电车间工匠场承办了首钢水钢电工技术比武,他的徒弟李磊获得电工组第一名;2022年10月,铁电车间工匠场承办了首钢水钢电气点检员技能等级考试的实操考试,付雷担任副主考;2022年11月,铁电车间工匠场承办了首钢水钢电工技能等级考试的实操考试,付雷担任副主考。

  2022年,铁电车间举办了一期编程软件组态技能提升培训班培训,培训15人;车间领导与技术组付雷在铁电车间会议室进行讲课,并现场解释实际生产工作中存在的问题,讲授电工基础、变频器知识、PLC基础知识等。这一个星期的培训学习,由教师与学员进行现场互动,改变了以前那种教师在上面照本宣科,学员在底下一头雾水的局面。通过一个星期的培训,学员重新了解和认识了自动化这个专业并且明白了自动化要求的是快速、准确和精确,不能出一点差错,这就需要对待工作时仔细再仔细,留意再留意,一点点疏忽都可能让整个自动控制系统遭受巨大的伤害,让企业蒙受巨大的损失。

  因为有梦想,才奋斗不息;因为有希望,才追求不止。作为一名普普通通的电工,付雷同志扎根岗位,情倾一线,时而扮演一名医生,为电气设备"把脉问诊""做手术";时而扮演一名教师,为企业培养优秀人才;时而又扮演一名创新创造发起者,为设备改造献计献策。他用自己平凡的坚守,在基层一线,一步一个脚印地传承和弘扬了劳模精神、劳动精神、工匠精神,谱写了劳动光荣、劳动伟大的新时代最强声。

学习资源

电工常用工具的使用

【复工复产】"东莞制造"奋力突围

一名女电工的技术能手成长之路

电工工艺与技术训练

学生工作页

《电工工艺与技术训练》学生工作页

学习章节	单元三 电工工具与材料认知	学时	8
学习目标： 1. 了解常用电工工具的相关知识。 2. 熟悉常用电工材料。 3. 了解不同工具和材料之间的区别。 4. 学会正确选用电工工具。 5. 能够认识和选用常用电工材料。 6. 掌握电工工具和材料的使用技巧			
学习内容		岗位要求	
1. 学会常见电工工具的使用方法。 2. 掌握电工工具的选用方法。 3. 学会正确选用各种材料。 4. 掌握常用电工材料的特性		了解常用电工工具的分类，了解电工工具的使用常识；了解导电材料、绝缘材料、磁性材料的相关知识，熟悉常用电工材料的应用	
学习记录		易错点	
知识拓展及参考文献	[1] 潘娟. 信息技术背景下电工仪表的测量误差与消除办法探究 [J]. 信息记录材料，2020，21（10）：112－113. [2] 李奎荣，郑维娟. 电工测量仪表的选择与使用 [J]. 无线互联科技，2020，17（15）：135－136. [3] 丁豫生. 维修电工电路故障检修方法及技术探究 [J]. 电子制作，2019（13）：97－99. [4] 刘云霞. 浅谈电工测量技术在矿山安全生产中的应用 [J]. 世界有色金属，2016（14）：90－91. [5] 万旭光. 电工仪表测量中容易忽略的几个问题 [J]. 中小企业管理与科技（中旬刊），2016（6）：169－170. [6] 张滨. 电工仪表测量误差的实验研究 [J]. 中国新技术新产品，2016（1）：51. [7] 李巍，李原. 电工仪表的测量误差及消除策略分析 [J]. 科技创新与应用，2015（28）：219. [8] 武攀红. 浅谈电工仪表与测量中常用的记忆方法 [J]. 职业，2015（8）：95. [9] 张滨. 试论电工测量仪表的合理使用 [J]. 科技创新与应用，2014（29）：99－100.		
总结评价			

单元四　电工测量仪表使用认知

学习目标

知识目标
（1）了解电工测量仪表的相关知识。
（2）掌握电工测量仪表使用规范。
（3）理解电工测量技术相关知识。

技能目标
（1）能够区分不同电工测量仪表的使用场景。
（2）能够正确使用电工测量仪表。
（3）能够熟练使用常用电工测量方法。

素质目标
（1）养成认真细致、实事求是、积极探索的科学态度和工作作风。
（2）养成理论联系实际、自主学习和探索创新的良好习惯。
（3）培养一丝不苟、精益求精的工匠精神。

知识导入

要得知电路中的各个物理量（如电压、电流、功率、电能及电路参数等）的大小，除用分析与计算的方法外，还可以借助常用电工测量仪表和电工测量技术获得相关参数。

电工测量技术的应用主要有以下优点。
（1）电工测量仪表的结构简单、使用方便、精确度高。
（2）电工测量仪表可灵活地安装在需要进行测量的地方，并实现自动记录。
（3）电工测量仪表可实现远距离测量。
（4）可利用电工测量方法对非电量进行测量。

常用电工测量仪表的分类介绍如下。
（1）按测量对象，电工测量仪表分为电流表、电压表、欧姆表、兆欧表、功率表、电度表（kW·h）、功率因数表等。

(2) 按照精度等级，电工测量仪表分为 0.1，0.2，0.5，1.0，1.5，2.5，5.0 七级。电工测量仪表的等级数字越小，电工测量仪表精确度越高。

(3) 按照所测量的电流种类及工作原理，电工测量仪表分为直流电流表和直流电压表、交流电流表和交流电压表、交直流两用表等。

(4) 按照工作原理，电工测量仪表分为磁电系仪表、电磁系仪表、电动系仪表、感应系仪表等。

本单元主要介绍各种不同类型的电工测量仪表分类和使用方法。

模块 4.1　电流表、电压表和万用表的使用

4.1.1　模块目标

(1) 了解电流表、电压表和万用表的结构类型、测量范围、精度等级、仪表内阻。
(2) 掌握电流表、电压表的使用方法。
(3) 掌握万用表的结构和使用方法。

4.1.2　模块内容

(1) 了解电流表、电压表和万用表的用处与区别。
(2) 了解常用电工测量仪表，能够正确选用电工测量仪表。

4.1.3　必备知识

4.1.3.1　电流表和电压表的选择

电流表和电压表是进行电流、电压及相关物理量测量的常用电工测量仪表，为了保证测量精度、减小测量误差，应合理选择仪表的结构类型、测量范围、精度等级、仪表内阻等，还须采用正确的测量方法。

1. 仪表类型的选择

被测电量可分为直流电量和交流电量，对于直流电量的测量，广泛选用磁电系仪表；对于正弦交流电量的测量，可选用电磁系仪表或电动系仪表。

2. 仪表精度的选择

仪表精度的选择，要从测量实际需求出发，既要满足测量要求，又要本着节约的原则。通常 0.1 级和 0.2 级仪表作为标准仪表或在精密测量时选用，0.5 级和 1.0 级仪表作为实验室测量仪表选用，1.5 级、2.5 级和 5.0 级仪表可在一般工程测量时选用。

3. 仪表量程的选择

如果仪表量程选择不合理，标尺刻度得不到充分利用，即使仪表本身的准确度很高，测量误差也会很大。为了充分利用仪表的准确度，应尽量按使用标尺后 1/4 段的原则选择仪表量程。

4. 仪表内阻的选择

为了使仪表接入测量电路后不至于改变原来电路的工作状态，要求电流表或功率表的电流线圈内阻尽量小，并且量程越大，内阻应越小，而电压表或功率表的电压线圈内阻尽量大，并且量程越大，内阻应越大。

选择仪表时，对仪表的类型、精度、量程、内阻等要素要综合考虑，特别要考虑会引起较大误差的因素。除此之外，还应考虑仪表的使用环境和工作条件等。

4.1.3.2 电流表和电压表的使用

电流表和电压表除了用于直接测量电路中的电流和电压外，还可以间接测量其他一些相关物理量，如直流电功率和直流电阻等。

当用电流表测量电路中的电流时，应将仪表与被测电路串联；而用电压表测量电路中的电压时，应将仪表与被测电路并联；测量直流电流或直流电压时，需区分正负极性，仪表的正端应接线路的高电位端，负端应接线路的低电位端，如图4-1-1所示。

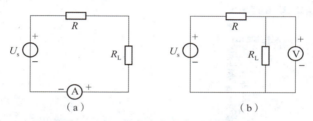

图4-1-1 电流表和电压表的接法
（a）电流表的连接；（b）电压表的连接

在测量之前，除了要认真检查接线外，还必须调整好仪表的机械零位，即在未通电时，用螺丝刀轻轻旋转调零螺钉，使仪表的指针准确地指在零位刻度线上。

使用电流表和电压表进行测量时，必须防止仪表因过载而损坏。在被测电流或电压值域未知的情况下，应先选择量程较大的仪表进行测量，若测出的被测值较小，则再换用较小量程的仪表。

4.1.3.3 万用表的外形结构

1. 万用表的分类

便携式万用表分为指针式万用表和数字式万用表两类，是一种多用途多量程的仪表。各类便携式万用表的型号、规格繁多，精度等级各异，价格差异也很大，如图4-1-2所示。

图4-1-2 各类便携式万用表

选用万用表时应根据工作环境需要选择相应的测量范围、工作频率、准确度、精度等级。

2. 万用表的基本使用方法

1）指针式万用表的基本使用方法

指针式万用表是一种测量电压、电流和电阻等参数的工具仪表，如图 4-1-3 所示，主要由表壳、表头、机械调零旋钮、欧姆调零旋钮、量程选择开关、表笔插孔和表笔等组成。指针式万用表具有结构简单、使用方便、可靠性高等优点。现以 MF_47F 型万用表为例，说明指针式万用表的基本使用方法。

（1）测量步骤。

①水平放置。将指针式万用表放平。

②检查指针。检查万用表指针是否停在表盘左端的零位。如不在零位，用小螺丝刀轻轻转动表头上的机械调零旋钮，使指针指在零位，如图 4-1-4 所示。

图 4-1-3 指针表万用表

图 4-1-4 指针式万用表的机械调零

③插好表笔。将红、黑两支表笔分别插入表笔插孔。

④检查电池。将量程选择开关旋到电阻 $R \times 1$ 挡，把红、黑表笔短接，如果进行"欧姆调零"后，万用表指针仍不能转到刻度线右端的零位，则说明指针式万用表的电压不足，需要更换电池。

⑤选择测量项目和量程。将量程选择开关旋到相应的项目和量程上。禁止在通电测量状态下转换量程选择开关，避免可能产生的电弧损坏开关触点。

（2）测试要点。

①把指针式万用表放置水平状态。

②视其表针是否处于零点（指电流、电压挡刻度的零点），若不是，则应调整表头下方的机械调零旋钮（用小一字形螺丝刀缓慢调整机械零位），使指针指向零位。然后根据被测项目，正确选择万用表上的测量项目及拨盘开关。如已知被测量值的数量级，就选择与其相

对应的数量级量程；如不知被测量值的数量级，则应从最大量程开始测量。当指针偏转角太小而无法精确读数时再把量程减小。一般以指针偏转角不小于最大刻度的 75% 为合理量程，如图 4－1－5 所示。

图 4－1－5　指针在最大刻度的 75% 处

2）数字式万用表的基本使用方法

DT－830 型数字式万用表的面板如图 4－1－6 所示，前面板包括液晶显示器（LCD 显示器）、电源开关、铭牌、量程选择开关、h_{FE} 插座、表笔插孔等，后面板装有电池盒。

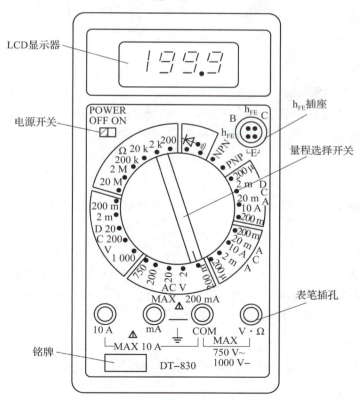

图 4－1－6　DT－830 型数字式万用表面板

(1) 液晶显示器。该表采用 FE 型大字号 LCD 显示器,最大显示值为 1 999 或 -1 999。该表还具有自动调零和自动显示极性功能,测量时若被测电压或电流的极性为负,则在显示值前将出现 " - " 号。当仪表所用电源电压 (9 V) 低于 7 V 时,显示屏左上方将显示箭头方向,提示应更换电池。若被测对象超量程,显示屏左端将显示"1"或"-1"的提示符号。小数点由量程开关进行同步控制,使小数点左移或右移。

(2) 电源开关。在量程开关左上方标有 POWER 的开关即电源开关。将此开关拨到 ON 位置,接通电源,即可使用。使用完毕应将开关拨到 OFF 位置,避免空耗电池。

(3) 量程选择开关。位于面板中央,DT-830 型数字式万用表面板的量程开关为 6 挡 28 位转换开关,提供 28 种测量功能和量程,供使用者选择。若使用表内蜂鸣器做线路通断检查时,量程开关应指向标有 的挡位。

(4) h_{FE} 插座。采用四眼插座,旁边分别标有 B、C、E。其中 E 孔有两个,在内部连通。测量时,应将被测晶体管三个极对应插入 B、C、E 孔内。

(5) 表笔插孔。表笔插孔共有四个,位于面板下方。使用时,黑表笔插在 COM 插孔,红表笔则应根据被测量的种类和量程不同,分别插在 V·Ω,mA 或 10 A 插孔内。

使用时应注意:在 V·Ω 插孔与 COM 插孔之间标有 MAX 750 V ~ 1 000 V - 的字样,表示从这两个孔输入的交流电压不得超过 750 V(有效值),直流电压不得超过 1 000 V。另外,在 mA 插孔与 COM 插孔之间标有 MAX 200 mA,在 10 A 插孔与 COM 插孔之间标有 MAX 10 A,分别表示在对应插孔输入的交、直流电流值不得超过 200 mA 和 10 A。

(6) 电池盒。电池盒位于后盖下方。为便于检修,起过载保护的 0.5 A 快速熔丝管也装在电池盒内。

4.1.3.4 万用表的使用方法

1. 直流电压的测量

将红表笔插入 V·Ω 插孔,黑表笔插入 COM 插孔,量程开关置于 DCV 的适当量程。将电源开关拨到 ON 位置,两表笔并联在被测电路两端,显示屏上即可显示被测直流电压数值。

2. 交流电压的测量

将量程开关拨到 ACV 范围内的适当量程,表笔接法同上,测量方法与测量直流电压相同。

3. 直流电流的测量

量程开关拨到 DCA 范围内的合适挡,黑表笔插入 COM 插孔,红表笔插入 mA 插孔(电流值小于 200 mA)或 10 A 插孔(电流值小于 10 A)。将电源开关拨到 ON 位置,把仪表串联在被测电路中,即可显示被测直流电流的数值。

4. 交流电流的测量

将量程开关拨到 ACA 的合适挡,表笔接法和测量方法与测量直流电流相同。

5. 电阻的测量

量程开关拨到 Ω 范围内合适挡,红表笔插在 V·Ω 插孔。若量程开关置于 20 M 或 2 M

挡，则显示值以 MΩ 为单位；若置于 2 k 挡，则显示值以 kΩ 为单位；若置于 200 挡，则显示值以 Ω 为单位。

6. 二极管的测量

将量程开关拨到 Ω 挡，红表笔插入 V·Ω 插孔，接二极管正极；黑表笔插入 COM 插孔，接二极管负极。此时显示的是二极管的正向电压，若为锗管，则应显示 0.150~0.300 V；若为硅管，则应显示 0.550~0.700 V。如果显示 000，则表示二极管被击穿；如果显示 1，则表示二极管内部开路。

7. 晶体管 h_{FE} 的测量

将被测晶体管的管脚插入 h_{FE} 相应孔内，根据被测管类型选择 PNP 或 NPN 挡位，电源开关拨到 ON 位置，显示值即为 h_{FE} 值。

8. 线路通、断的检查

量程开关拨到 蜂鸣器挡，红表笔插入 V·Ω 插孔，黑表笔插入 COM 插孔，若被测线路电阻低于规定值（20±10 Ω），则蜂鸣器发出声音，表示线路接通；反之，则表示线路不通。

4.1.3.5 使用数字式万用表的注意事项

（1）使用数字式万用表之前，应仔细阅读使用说明书，熟悉面板结构及各旋钮、插孔的作用，以免使用中出现差错。

（2）测量前，应校对量程开关位置及两表笔所插的插孔，无误后再进行测量。

（3）测量前若无法估计被测量大小，应先用最高量程测量，再根据测量结果选择合适的量程。

（4）严禁在测量高压或大电流时拨动量程选择开关，以防产生电弧，烧毁开关触点。

（5）当使用数字式万用表电阻挡测量晶体管、电解电容等元器件时，应注意红表笔接 V·Ω 插孔，带正电；黑表笔接 COM 插孔，带负电。这一点与指针式万用表正好相反。

（6）严禁在被测电路带电的情况下测量电阻，以免损坏仪表。

（7）为延长电池使用寿命，每次使用完毕应将电源开关到至 OFF 位置。长期不用的仪表，要取出电池，防止电池内电解液漏出而腐蚀表内元器件。

4.1.4 学习评价

评价项目	评价内容	分值/分	自评	互评	师评
职业素养 （50 分）	劳动纪律，职业道德	10			
	积极参加任务活动，按时完成工作任务	10			
	团队合作，交流沟通能力良好，能够合理处理合作中的问题和冲突	10			
	爱岗敬业，具有安全意识、责任意识、服从意识	10			
	能够用专业的语言正确、流利地展示成果	10			

续表

评价项目	评价内容	分值/分	自评	互评	师评
专业能力 （50 分）	专业资料检索能力	10			
	了解仪表的结构类型、测量范围、精度等级和内阻	10			
	掌握电流表、电压表的使用方法	10			
	掌握万用表的结构和使用方法	10			
	掌握功率表的使用方法	10			
总计	好（86～100 分），较好（70～85 分），一般（<70 分）	100			

4.1.5　复习与思考

1. 填空题。

（1）一般万用表可以测量_____、_____、_____、_____、_____等物理量。

（2）手持式数字万用表又称低挡数字万用表，按测试精度可分为_____、_____。

（3）电工测量仪表按照精度等级分为_____，_____，_____，_____，_____，_____，_____七级。电工测量仪表的等级数字越_____，电工测量仪表精确度越高。

2. 简答题。

（1）简述万用表检测无标志二极管的方法。

（2）常用电工测量仪表的结构类型、测量范围、精度等级和内阻是怎样的？

（3）说出电流表、电压表的使用方法。

（4）万用表的结构和使用方法是怎样的？

模块 4.2　功率表与电度表的使用

4.2.1　模块目标

（1）了解功率测量的线路和方法。

（2）掌握功率表的使用方法。

（3）理解电度（能）表的测量原理。

（4）了解（单相）电度表的接线与安装方法。

4.2.2　模块内容

（1）学习功率测量的方法。

（2）学习电能测量的方法。

4.2.3 必备知识

4.2.3.1 功率测量

功率表大多数为电动系结构，可测量直流电路的功率，也可测量正弦和非正弦交流电路的功率，且准确度高，应用广泛。

功率表反映电压和电流的乘积，通常制成多量程，一般为两个电流量程，两个或三个电压量程。

1. 功率测量的方法

功率测量的线路和方法见表 4-2-1。

表 4-2-1 功率测量的线路和方法

名称	测量线路	说明及注意事项
直流电路功率的测量		接线时"发电机端"（符号）必须接到电源的同一极性上
单相交流电路功率的测量		1. 标有"●"号的电压端钮，可以接至电流端的任一端；图（a）为电压线圈前接，用于 $R_L > R_A$ 时；图（b）为电压线圈后接，用于 $R_L < R_A$ 时。 2. 标有"●"号的电流端钮必须接至电源的一端，另一电流端钮接至负载端
三相交流电路功率的测量	三相三线制电路的接线	电路总功率等于两个功率表读数的代数和。 当负载 $\cos\varphi < 0.5$ 时，则有一只功率表的读数为负值，即功率表反转

续表

名称	测量线路		说明及注意事项
三相交流电路功率的测量	三相四线制电路的接线	(图示)	用三只单相功率表测得各相功率，电路总功率为三只功率表读数之和
	三相功率表测量时的接线	(a) (b)	图（a）为直接接入电路的接法；图（b）为带有电流互感器接入电路的接法

2. 功率表的使用方法

功率表测量机构由固定线圈与可动线圈组成，接线时固定线圈（电流线圈）与被测电路串联，可动线圈（即电压线圈）与被测电路并联。

（1）功率表的量程选择。

功率表的量程选择包括电流量程的选择和电压量程的选择。选用的电压量程和电流量程要与负载电压和电流相适应，使电流量程能通过负载电流，使电压量程能承受负载电压。以下面例子来说明。

例 4-1 有一感性负载，功率约为 800 W，电压为 220 V，功率因数为 0.8，测量其功率，所选功率表的量程应为多少？

解 已知负载电压为 220 V，选用功率表的额定电压为 250 V 或 300 V，而负载电流

$$I = P/U\cos\varphi = 800 \text{ W}/(220 \text{ V} \times 0.8) = 4.55 \text{ A}$$

功率表的电流量程可选为 5 A。

所以应选用额定电压为 300 V，额定电流为 5 A 的功率表，其功率量程为 1 500 W。

如果选用额定电压为 150 V，额定电流为 10 A 的功率表，其功率量程也为 1 500 W，但负载电压 220 V 已超过功率表能承受的 150 V 电压，故不能使用。

（2）功率表的读数。

可携式功率表一般都为多量程。由于只有一条标尺，故通常在标尺上不标瓦数，而标注分格数。被测电路的功率 $P(\text{W})$，应根据指针偏转的格数 N 和每格瓦数 C 求出

$$P = CN$$

式中　C——功率表常数，W/格，其计算公式如下

$$C = U_N I_N/\alpha_m$$

式中　U_N——功率表电压量程，V；

　　　I_N——功率表电流量程，A；

　　　α_m——功率表标尺的满刻度数。

(3) 功率表的接线。

电动系仪表转矩方向与两线圈的电流方向有关。因此，应规定一个能使指针正向偏转的电流方向，即功率表接线要遵守"同名端"守则。

"同名端"又称"电源端""极性端"，通常用符号"·"或"±"表示，接线时应使两线圈的"同名端"接在同一极性上，以保证两线圈电流都能从该端流入。按此原则，正确的接线方式有两种，如图4-2-1所示，其中R_s为表头内电阻。

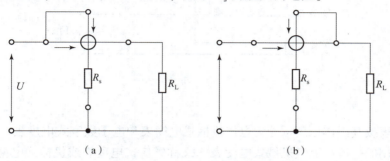

图4-2-1 功率表的正确接线
（a）负载电流较小的电路；（b）负载电流较大的电路

4.2.3.2 电能测量

1. 电度（能）表测量原理

电度表又称电能表，俗称火表，是用来计量电气设备所消耗电能的仪表。测量交流电路的电能多用感应系电度表，它分为有功电能表和无功电能表，接入方式有直接接入和经互感器接入两种。电度表可分为单相电度表（见图4-2-2）和三相电度表。

实物图

图4-2-2 单相电度表外形

电度表原理如图4-2-3所示，它由电压线圈、电流线圈、电磁铁、永久磁铁、铝盘、计数器等组成。电流线圈串联于电路中，电压线圈并联于电路中。在用电设备开始消耗电能时，电压线圈和电流线圈产生主磁通穿过铝盘，在铝盘上感应出涡流并产生转矩，使铝盘转动，带动计数器计算耗电的多少。用电量越大，所产生的转矩就越大，计量出用电量的数值就越大。

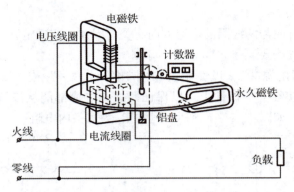

图 4-2-3 电度表原理

2. 单相电度表规格

单相电度表按其工作原理可分为电气机械式电度表和电子数字式电度表。在 20 世纪 90 年代以前，使用的一般是电气机械式电度表（又称感应式电度表或机械式电度表），随着电子技术的发展，电子数字式电度表的应用越来越多，有逐步取代电气机械式电度表的趋势。

电气机械式单相电度表有十几种型号，虽然其外形和内部元件的位置可能不同，但使用的方法及工作原理基本相同。其常用的额定电流规格有 2.5 A、5 A、10 A、15 A、20 A 等。常见单相电度表的规格见表 4-2-2。

表 4-2-2 常见单相电度表的规格

电度表电流/A	2.5	5	10	15	20
负载总功率/W	550	1 100	2 200	3 300	4 400

3. 单相电度表的选用

电度表的选用要根据负载来确定，也就是说，所选电度表的容量或电流是根据计算电路中负载的大小来确定的。容量或电流选择大了，电度表不能正常转动，会因本身存在的误差影响结果的准确性；容量或电流选择小了，会有烧毁电度表的可能。一般应使所选用的电度表负载总功率为实际用电总功率的 1.25 ~ 4 倍。所以在选用电度表的容量或电流前，应先进行计算。例如，家庭使用照明灯 4 盏，约为 120 W；电视机、电冰箱等电器，约为 680 W。由此可得

（120 W + 680 W）× 1.25 = 1 000 W，（120 W + 680 W）× 4 = 3 200 W

因此选用电度表的负载功率应在 1 000 ~ 3 200 W 之间。查表 4-2-2 可知，选用电流容量为 10 ~ 15 A 的电度表较为适宜。

选用电度表时，除了要考虑电流容量之外，还要注意电度表的内在质量，特别要注意电度表壳上的铅封是否损坏。一般电度表在出厂前，对电度表的准确性要进行校验，检查合格后，对电度表的可拆部位做铅封，使用者不得私自将铅封打开。

4. 单相电度表的接线与安装

选好单相电度表后，应进行检查安装和接线，根据电度表型号不同，有两种接线方式，

一种是交叉接线，如图 4－2－4 所示，其中的 1，3 接进线，2，4 接负载，接线柱 1 要接相线（即火线），这种电度表目前在我国应用最多，为了直观，初学者可参照图 4－2－5 所示的实物图连接；另一种接线是顺入式，1，2 接进线，3，4 接负载，这种电度表不常使用。

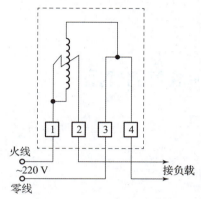

图 4－2－4　单相电度表接线　　　　　图 4－2－5　单相电度表接线实物

4.2.4　学习评价

评价项目	评价内容	分值/分	自评	互评	师评
职业素养 （50 分）	劳动纪律，职业道德	10			
	积极参加任务活动，按时完成工作任务	10			
	团队合作，交流沟通能力良好，能够合理处理合作中的问题和冲突	10			
	爱岗敬业，具有安全意识、责任意识、服从意识	10			
	能够用专业的语言正确、流利地展示成果	10			
专业能力 （50 分）	专业资料检索能力	10			
	掌握功率表的使用方法	10			
	理解电度（能）表的测量原理	10			
	了解（单相）电度表的接线与安装方法	10			
	掌握功率测量和电能测量的方法	10			
总计	好（86～100 分），较好（70～85 分），一般（＜70 分）	100			

4.2.5　复习与思考

1. 填空题。

用于测量功率的仪表称为_____；用于测量电能的仪表称为_____（kW·h）；用于测量功率因数的仪表称为_____。

2. 简答题。
(1) 功率测量的线路和方法是怎样的？
(2) 如何使用功率表？
(3) 写出电度（能）表的测量原理。
(4) 单相电度表的接线与安装要求是什么？

模块 4.3 钳形电流表与兆欧表的使用

4.3.1 模块目标

(1) 了解钳形电流表的工作原理及使用方法。
(2) 掌握兆欧表的结构及使用方法。

4.3.2 模块内容

(1) 学习钳形电流表的基础知识。
(2) 学习兆欧表的基础知识。

4.3.3 必备知识

4.3.3.1 钳形电流表

1. 钳形电流表的工作原理

钳形电流表（又称钳形表）也是一种便携式电表，主要用于在不断开电路的情况下，测量正在运行的电气电路中的安培级的电流，只要将被测导线夹于钳口中，便可读数。钳形电流表原理结构如图 4-3-1 所示。

测量交流电流的钳形电流表实质上由一个电流互感器和一个整流式仪表组成。被测载流导线相当于电流互感器的一次绕组，绕在钳形电流表铁芯上的线圈相当于电流互感器的二次绕组。当被测载流导线夹于钳口中时，二次绕组便感应出电流，使指针偏转，指示出被测电流值。

测量交流、直流电流的是一个电磁式仪表，放置在钳口中的被载流导线作为励磁线圈，磁通在铁芯中形成回路，电磁式测量机构位于铁芯的缺口中间，受磁场的作用而偏转，获得读数。因其偏转不受测量电流种类的影响，所以可测量交流、直流电流。

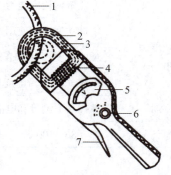

图 4-3-1 钳形电流表原理结构
1—载流导线；2—铁芯；3—磁通；
4—线圈；5—电流表；
6—量程旋钮；7—扳手

2. 钳形电流表的使用注意事项

(1) 测量前，应检查仪表指针是否在零位，若不在零位，则应调至零位。

（2）测量时应先估计被测量值的大小，将量程旋钮置于合适的挡位。若测量值暂不能确定，则应将量程旋钮旋至最高挡，然后根据测量值的大小，变换至合适的量程。

（3）测量电流时，应将被测载流导线置于钳口的中心位置，以免产生误差。

（4）为使读数准确，钳口的两个面应接触良好。若有杂声，则可将钳口重新开合一次。

（5）测量后一定要把量程旋钮置于最大量程挡，以免下次使用时，未选择量程而损坏仪表。

（6）被测电流过小（小于 5 A）时，为了得到较准确的读数，若条件允许，则可将被测导线绕几圈后套进钳口进行测量。此时，钳形电流表读数除以钳口内的导线根数，即为实际电流值。

（7）不要在测量过程中切换量程。不可用钳形电流表去测量高压电路，否则会引起触电，造成事故。

4.3.3.2 兆欧表

1. 兆欧表的结构

兆欧表又称摇表，是专用于检查和测量电气设备或供电线路的绝缘电阻的一种便携式仪表。它的计量单位为兆欧（MΩ）。兆欧表的种类很多，但作用原理基本相同，常用的 ZC25 型兆欧表外形如图 4-3-2 所示。

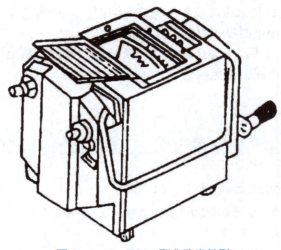

图 4-3-2 ZC25 型兆欧表外形

兆欧表主要由手摇发电机和磁电系电流比率式测量机构组成。手摇发电机的额定输出电压有 250 V、500 V、1 kV、2.5 kV、5 kV 等几种规格。

2. 兆欧表的使用方法

（1）线路间绝缘电阻的测量。测量前应使线路停电，被测线路分别接在线路端钮 L 和地线端钮 E 上，用左手稳住兆欧表，右手摇动手柄，速度逐渐由慢加快，并保持在 120 r/min 左右，持续 1 min，读出兆欧数。

（2）线路对地间绝缘电阻的测量。测量前将被测线路停电，将被测线路接于兆欧表的端钮 L 上，兆欧表的端钮 E 与地线相连接，测量方法同上。

（3）电动机定子绕组与机壳间绝缘电阻的测量。在电动机脱离电源后，将电动机的定子绕组接在兆欧表的端钮 L 上,机壳与兆欧表的端钮 E 相连,测量方法同上。

(4) 电缆缆芯对电缆护套间的绝缘电阻的测量。在电缆停电后,将电缆的缆芯与兆欧表的端钮 L 连接,电缆护套与兆欧表的端钮 E 连接,将缆芯与电缆护套之间的内层绝缘物接于兆欧表的屏蔽钮 G 上,以消除因表面漏电而引起的测量误差。

(5) 正确选择兆欧表的电压及其测量范围。一般测量低压电气设备绝缘电阻时,可选用 0~200 MΩ 量程的兆欧表,测量高压电气设备或电缆时可选用 0~2 000 MΩ 量程的兆欧表。

3. 兆欧表使用注意事项

(1) 在进行测量前应先切断被测线路或设备的电源,并进行充分放电(需 2~3 min),以保证人身及设备安全。

(2) 在进行测量前,应将与被测线路或设备相连的所有仪表及其他设备断开连接(如电压表、功率表、电能表及电压互感器等),避免这些仪表及其他设备的电阻影响测量结果。

(3) 兆欧表接线柱与被测设备间的连接导线不能用双股绝缘线或绞线,应用单股绝缘线分开单独连接,避免因绞线的绝缘不良而引起测量误差。

(4) 测量前应将兆欧表进行一次开路和短路试验,检查兆欧表是否良好。将端钮 L、E 开路,摇动手柄,指针应立即指在"∞"位置;将端钮 L、E 短接,轻轻摇动手柄,指针应立即指在"0"位置。这样就能说明兆欧表是良好的,否则兆欧表不能用。

(5) 测量电容器及较长电缆等设备的绝缘电阻时,一旦测量完毕,应立即将端钮 L 的连线断开,以免兆欧表向被测设备放电而损坏仪表。

(6) 测量完毕后,在手柄未完全停止转动及被测对象没有放电之前,切不可用手触及被测对象的测量部分或拆线,以免触电。

4.3.4 学习评价

评价项目	评价内容	分值/分	自评	互评	师评
职业素养 (50 分)	劳动纪律、职业道德	10			
	积极参加任务活动,按时完成工作任务	10			
	团队合作,交流沟通能力良好,能够合理处理合作中的问题和冲突	10			
	爱岗敬业,具有安全意识、责任意识、服从意识	10			
	能够用专业的语言正确、流利地展示成果	10			
专业能力 (50 分)	专业资料检索能力	10			
	了解钳形电流表的工作原理及使用方法	10			
	掌握兆欧表的结构及使用方法	10			
	掌握钳形电流表的基础知识	10			
	掌握兆欧表的基础知识	10			
总计	好(86~100 分)、较好(70~85 分)、一般(<70 分)	100			

4.3.5 复习与思考

1. 填空题。
(1) 用于测量电阻的仪表称为欧姆表，用于测量绝缘电阻的仪表称为_____。
(2) 按照电表的工作原理分为：_____、_____、_____、_____等。
2. 简答题。
(1) 简述钳形电流表的工作原理及使用方法。
(2) 简述兆欧表的结构及使用方法。

阅读拓展

曹春华：饮水思源 "万能师傅" 收获精彩人生

"曹师傅，我家新买了个电饭煲，一插上电就跳闸，能麻烦你来看看吗？"近日，在常州经开区戚墅堰华洁装饰服务部，装修师傅曹春华接到了戚大街社区居民的求助电话。"没问题，我中午就来。"曹春华说。

45 岁的曹春华患有小儿麻痹症，无法从事重体力劳动。自强不息的他自学装修手艺，开了一家装饰服务部，靠做装修工作维持生计。

"我从戚大街社区工作人员那里得知，区里推出了'菜单式'培训服务，想着可以学习到更多技能，也能多赚点钱贴补家用，就立刻报了名。"曹春华告诉记者，在社区的牵线搭桥下，他参加了区残联组织的残疾人电工培训，开始备考电工证。

《电工基本常识》《常见线路维修》《电工仪表与测量》……曹春华走进课堂，连续 25 天，每天学习电工技能 8 h。功夫不负有心人，2021 年年底，曹春华拿到了中级电工证。自此，每到街坊邻里家中干活，曹春华都会用新技能顺带帮忙检查水电。"街道、社区没少帮我介绍装修的活，我又免费学到了电工技能，帮街坊邻里检查水电也是顺手的事儿。"曹春华笑着说。

慢慢地，曹春华的热心与手艺为社区居民口口相传。"曹师傅特别热心，问他关于装修、水电的问题，他都会帮着解决。"社区居民刘桂春说。"饮水思源，这是做人的本分。"曹春华认为，自己得到了帮助，理应回馈大家。

2022 年下半年，曹春华被选为戚大街社区残疾人协会副主席、戚墅堰街道残疾人联合会主席团委员。"曹师傅话不多、人也腼腆，但却是居民们眼中的'万能师傅'。"戚大街社区工作人员陈慧敏说。社区内房屋老旧，水电问题频出，加上人口老龄化程度高，老人们常被水电问题困扰，曹春华的帮忙解决了大问题。

刘阿姨家的线路容易短路、王阿姨家的墙体经常渗水……在曹春华的装修笔记本上，记录着社区居民家中的水电问题。"有时候在外装修，来不及赶回来帮大家维修，我就尽量在社区志愿活动中弥补一些。"曹春华说。因此，在戚大街社区服务中心，常能看到穿着"红马甲"的曹春华。

"野火烧不尽，春风吹又生。"这是曹春华最喜欢的一句诗。他觉得自己就像诗中的"野草"，在逆境中韧劲十足、奋发向上，把人生经营得有滋有味，还能够帮助他人。"今后，我还想考个电工操作证，再学习电焊知识，希望能拿到含金量更高的技能证书，为大家提供更多的服务。"曹春华说。

学习资源

陈闻新：为电工仪表
制定国际标准

认识电工仪表

湖北电工"技术能手"
张铭

单元四　电工测量仪表使用认知

学生工作页

《电工工艺与技术训练》学生工作页

学习章节	单元四　电工测量仪表使用认知	学时	8
学习目标： 1. 了解电工测量仪表的相关知识。 2. 掌握电工测量仪表使用规范。 3. 理解电工测量技术的相关知识。 4. 能够区分不同电工测量仪表的使用场景。 5. 能够正确使用电工测量仪表。 6. 能够熟练使用常用电工测量方法			
学习内容			岗位要求
1. 了解电流表、电压表和万用表的用处和区别。 2. 了解常用的电工测量仪表，能够正确选用电工测量仪表。 3. 学习功率测量的方法。 4. 学习电能测量的方法。 5. 学习钳形电流表的基础知识。 6. 学习兆欧表的基础知识			了解仪表的结构类型、测量范围、精度等级、仪表内阻，掌握电流表、电压表的使用方法，掌握万用表的结构和使用方法；知道功率测量的线路和方法，掌握功率表的使用方法，理解电度（能）表测量原理，了解（单相）电度表的接线与安装方法；了解钳形电流表的工作原理及使用方法，掌握兆欧表的结构及使用方法
学习记录			易错点
知识拓展及参考文献			［1］李奎荣，郑维娟. 电工测量仪表的选择与使用［J］. 无线互联科技，2020，17（15）：135－136. ［2］万旭光. 电工仪表测量中容易忽略的几个问题［J］. 中小企业管理与科技（中旬刊），2016（6）：169－170. ［3］吴亚平，王国平. 浅析热工测量仪表的应用前景［J］. 科技与企业，2015（7）：195. ［4］张滨. 试论电工测量仪表的合理使用［J］. 科技创新与应用，2014（29）：99－100. ［5］玉花. 谈常用电工仪表的选用［J］. 中国电力教育，2010（S1）：520－521＋524. ［6］马成才，李波，张玉霞. 合理选择电工测量仪表提高测量准确度［J］. 工业计量，2000（Z1）：68－69.
总结评价			

单元五　机床电气与拖动技术认知

学习目标

知识目标
（1）了解三相异步电动机结构及其工作原理。
（2）了解常见的低压电器的分类和发展方向。
（3）了解单相异步电动机的工作原理。

技能目标
（1）了解常见主令电器、控制电器、保护电器的结构和使用。
（2）掌握单相异步电动机的启动方法。
（3）熟悉电动机的常见控制电路安装。

素质目标
（1）通过技能训练，提高实践技能，开发创新思维和创新能力。
（2）养成理论联系实际、学以致用的优良学风。
（3）养成合作学习、自主学习、研究性学习的良好习惯。

知识导入

机床是制造业中的主要设备，机床的数量、质量及自动化水平直接影响到整个制造业的发展。20世纪初，电动机的发明使机床的动力得到了根本性的提升。

在现代制造业中，为了实现机床生产过程自动化的要求，机床电气控制不仅包括拖动机床的电动机，而且包括电动机的控制系统。

随着生产工艺的不断发展，很多工业企业对机床电气控制技术提出了越来越高的要求。比如，一些精密机床的加工精度要求达到几十微米，甚至几微米；为保证重型镗床的加工精度和控制粗糙度，部分企业要求其在极慢的稳定转速下进给，也就是要求在很宽的范围内调速；为了提高效率，由数台或数十台机床组成的生产自动线要求统一控制和管理。诸如此类的要求都是通过电动机及其控制系统和机械传动装置来实现的。

本单元将主要针对以下内容展开介绍。

（1）三相异步电动机由定子和转子两大部分组成。三相异步电动机的定子由定子铁芯、定子绕组、机座和端盖组成。定子的主要作用是产生磁场。三相异步电动机的转子由转子铁芯、转子绕组、转轴和轴承等构成。转子的主要作用是产生电磁转矩。

（2）三相异步电动机的工作原理如下。

①三相定子绕组通入三相对称电流产生旋转磁场。

②转子绕组切割磁场产生感应电动势和电流。

③转子电流在磁场中受力，产生电磁转矩。如果转子与生产机械连接，则转子受到的电磁转矩将克服负载转矩而做功，从而实现电能与机械能的转换。

（3）主令电器是用来发布命令、改变控制系统工作状态的电器，主要包括控制按钮、行程开关等。

（4）接触器是用来频繁接通或断开交、直流主电路和大容量控制电路的电器。它不仅具有远程控制的功能，还具有低电压释放保护功能，是电力拖动控制系统中最重要也最常用的控制电器。交流接触器用于远距离控制电压至 380 V、电流至 600 A 的交流电路，以及频繁启动和控制交流电动机的控制电器。

（5）控制继电器是一种利用电流、电压、时间、温度等信号的变化来接通或断开所控制的电路，以实现自动控制或完成保护任务的自动电器。控制继电器按输入信号可分为电流继电器、电压继电器、时间继电器、速度继电器等。

（6）保护电器可分为以下几种。

①热继电器。热继电器是一种利用电流的热效应来切断电路的保护电器，专门用来对连续运转的电动机进行过载及断相保护，以防电动机因过热而烧毁。

②电流继电器。电流继电器是根据输入电流的大小而动作的继电器。

③电压继电器。电压继电器是根据输入电压的大小而动作的继电器。

④熔断器。在低压线路和机床电气控制系统中，熔断器是最简单、最常用的短路保护电器。

（7）单相异步电动机不能自行启动。如果在定子上安放空间相位相差 90°的两套绕组，然后通入相位相差 90°的正弦交流电，则单相异步电动机就能产生一个像三相异步电动机那样的旋转磁场，实现自行启动。常用的方法有分相式和罩极式两种。

（8）三相笼型异步电动机的启动方法有直接启动和降压启动。机床上小容量的电动机直接启动，容量较大的电动机降压启动。

模块 5.1　单相异步电动机

5.1.1　模块目标

（1）了解单相异步电动机的工作原理。

（2）掌握单相异步电动机的启动方法。

（3）掌握单相异步电动机的常见控制电路。

5.1.2　模块内容

（1）学习单相异步电动机的工作原理。

（2）学习单相异步电动机的启动方法。

5.1.3 必备知识

5.1.3.1 单相异步电动机工作原理

单相异步电动机是指使用单相交流电源供电的异步电动机。

1. 单相异步电动机的磁场

在单相异步电动机的定子绕组通入单相交流电，电动机内将产生一个大小及方向随时间沿定子绕组轴线方向变化的磁场，称为脉动磁场。

如图 5-1-1 所示，将两个大小相等、转速相同、方向相反的旋转磁场 B_1、B_2 合成以后是一个旋转磁场。

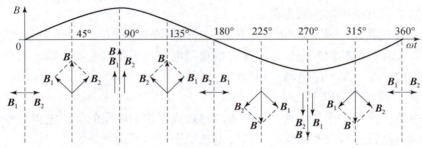

图 5-1-1 脉动磁场的分解

因此，脉动磁场可以分解为两个大小相等、转速相同、方向相反的旋转磁场。

2. 单相异步电动机的工作原理（结构）

1) 单相异步电动机自身没有启动转矩

单相异步电动机静止时，$n=0$，$s_1=s_2=1$。由于 T_1 和 T_2 这两个电磁转矩大小相等、方向相反，合成转矩 $T=T_1+T_2=0$，因此，单相异步电动机本身的启动转矩为零，也就是说，单相异步电动机不能自行启动。

2) 启动外力消失后仍能继续旋转

单相异步电动机通过外力转动起来后，由于顺时针旋转磁场 B_1 和逆时针旋转磁场 B_2 产生的合成电磁转矩不再为零，在这个合成转矩的作用下，即使失去外力，单相异步电动机仍将沿着原来的运动方向继续运转。

3) 电动机的转向取决于启动外力产生的转矩方向

单相异步电动机合成转矩方向取决于所加外力使转子开始旋转时所取的方向。

5.1.3.2 单相异步电动机的启动方法

单相异步电动机不能自行启动。如果在定子上安放空间相位相差 90°的两套绕组，然后通入相位相差 90°的正弦交流电，则单相异步电动机就能产生一个像三相异步电动机那样的旋转磁场，实现自行启动。常用的方法有分相式和罩极式两种。

1. 单相分相式异步电动机

单相分相式异步电动机的结构特点是定子上有两套绕组，一套绕组为主绕组（工作绕组），另一套绕组为副绕组（辅助绕组），它们的参数基本相同，空间相位相差 90°。如果通入两相对称相位相差90°的电流，即 $i_V = I_m \sin t$，$i_U = I_m \sin(\omega t + 90°)$，则能实现单相异步电动机的启动，如图5-1-2所示。

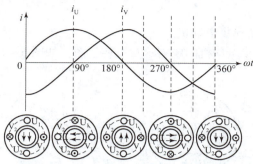

图5-1-2　单相分相式异步电动机两相对称电流波形和合成磁场的形成过程

图5-1-2反映了两相对称电流波形和合成磁场的形成过程。由此可以看出，当 ωt 经过360°时，合成磁场在空间也转过了360°，即合成旋转磁场旋转一周。磁场旋转速度为 $n_1 = 60f_1/p$，此速度与三相异步电动机旋转磁场速度相同。两相线绕组通入两相电流时电机的机械特性如图5-1-3所示。

从上面的分析中可看出，单相分相式异步电动机启动的必要条件为定子具有空间相位不同的两套绕组；两套绕组通入不同相位的交流电流。

根据上面的启动要求，单相分相式异步电动机按启动方法可分为以下几类。

1) 单相电阻分相启动异步电动机

单相电阻分相启动异步电动机的定子上嵌放两套绕组，两套绕组接在同一单相电源上，副绕组（辅助绕组）中串联一个离心开关，开关作用是当转速上升到80%的同步转速时，断开副绕组使电动机运行在只有主绕组工作的情况下。为了使电动机启动时产生启动转矩，通常采取两种方法。

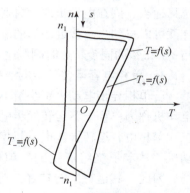

图5-1-3　两相绕组通入两相电流时的电机的机械特性

（1）副绕组中串入适当电阻。

（2）副绕组采用的导线比主绕组截面细，匝数比主绕组少。

这样两相绕组阻抗就不同，促使通入两相绕组的电流相位不同，从而达到启动目的。

由于电阻分相启动时，电流的相位移较小，小于90°，启动时，电动机的气隙中建立椭圆形旋转磁场，此时电动机的电路示意及相量图如图5-1-4所示，因此，电阻分相式异步电动机启动转矩较小。

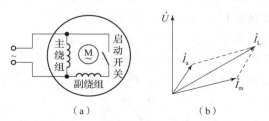

图5-1-4　椭圆磁动势时单相电阻分相启动电动机的电路示意及相量图
（a）电路示意；（b）相量图

单相电阻分相启动异步电动机的转向由气隙旋转磁场方向决定,若要改变电动机转向,则只要把主绕组或副绕组中任何一个绕组电源接线对调,就能改变气隙磁场,达到改变电动机转向的目的。

2)单相电容分相启动异步电动机

单相电容分相启动异步电动机的电路示意及相量图,如图5-1-5所示。

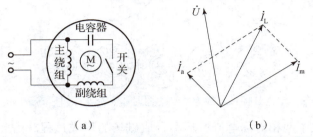

(a)   (b)

图5-1-5　单相电容分相启动异步电动机的电路示意及相量图

(a)电路示意;(b)相量图

从图5-1-5中可以看出,当副绕组中串联一个电容器和一个开关时,如果电容器容量选择适当,则在电动机启动时通过副绕组的电流在时间和相位上会超前主绕组电流90°,这样就可以得到一个接近圆形的旋转磁场,从而产生较大的启动转矩。电动机启动后转速达到75%~85%的同步转速时副绕组通过开关自动断开,主绕组进入单独稳定运行状态。

3)单相电容运转异步电动机

若单相异步电动机副绕组不仅在启动时起作用,而且在电动机运转中也长期工作,这种电动机称为单相电容运转异步电动机,其电路示意如图5-1-6所示。

单相电容运转异步电动机实际上是一台两相异步电动机,其定子绕组产生的气隙磁场较接近圆形旋转磁场。因此,其运行性能较好,功率因数、过载能力比普通单相分相式异步电动机好。电容器容量选择对启动性能的影响较大。如果电容量大,则启动转矩大,运行性能下降;反之,则启动转矩小,运行性能稳定。综合以上因素,为了保证运行性能,单相电容运转异步电动机

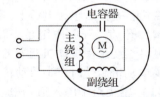

图5-1-6　单相电容运转异步电动机的电路示意

的电容比同功率单相电容分相启动异步电动机电容容量要小,所以单相电容运转异步电动机的启动性能不如单相电容分相启动异步电动机。

4)单相双值电容异步电动机(单相电容启动及运转异步电动机)

如果想要单相异步电动机在启动和运行时都能具备较好的性能,可以采用将两个电容并联后再与副绕组串联的接线方法,这种电动机称为单相电容启动及运转异步电动机,其电路示意如图5-1-7所示。其中启动电容器C_1容量较大,C_2为运转电容,电容量较小。电动机启动时C_1和C_2并联,总电容器容量大,所以有较大的启动转矩。启动后,C_1切除,只有C_2

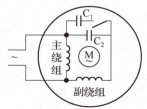

图5-1-7　单相电容启动及运转异步电动机的电路示意

运行，因此电动机有较好的运行性能。

2. 单相罩极式（磁通分相式）异步电动机

单相罩极式异步电动机的结构有凸极式和隐极式两种，其中以凸极式结构最为常见，如图 5-1-8 所示。将凸极式异步电动机定子做成凸极铁芯，然后在凸极铁芯上安装集中绕组，组成磁极，在每个磁极 1/4～1/3 处开一个小槽，槽中嵌入短路环，将小部分铁芯罩住。转子均采用笼形结构。异步电动机当定子绕组通入正弦交流电后，将产生交变磁通 $\varPhi$，其中一部分磁通 $\varPhi_U$ 不穿过短路环，另一部分磁通 $\varPhi_V$ 穿过短路环，由于短路环作用，当穿过短路环的磁通发生变化时，短路环必然产生感应电动势和感应电流，感应电流总是阻碍磁通变化，这就使穿过短路环部分的磁通 $\varPhi_V$ 滞后于未罩部分的磁通 $\varPhi_U$，使磁场中心线发生移动。于是，电动机内部产生了一个移动的磁场或扫描磁场，可视其为椭圆度很大的旋转磁场。在该磁场作用下，电动机将产生一个电磁转矩，使电动机旋转。罩极电动机移动磁场示意如图 5-1-9 所示。

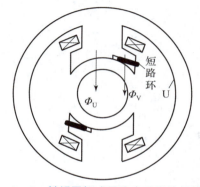

图 5-1-8　单相罩极式异步电动机的凸极结构

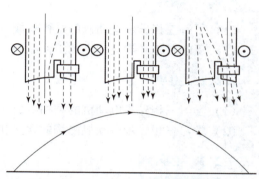

图 5-1-9　罩极电动机移动磁场示意

5.1.4　学习评价

评价项目	评价内容	分值/分	自评	互评	师评
职业素养（50 分）	劳动纪律，职业道德	10			
	积极参加任务活动，按时完成工作任务	10			
	团队合作，交流沟通能力良好，能够合理处理合作中的问题和冲突	10			
	爱岗敬业，具有安全意识、责任意识、服从意识	10			
	能够用专业的语言正确、流利地展示成果	10			
专业能力（50 分）	专业资料检索能力	10			
	了解单相异步电动机的工作原理	10			
	掌握单相异步电动机的启动方法	15			
	掌握单相异步电动机的常见控制电路	15			
总计	好（86～100 分），较好（70～85 分），一般（<70 分）	100			

5.1.5 复习与思考

1. 填空题。

单相异步电动机_____（能/不能）自行启动。

2. 简答题。

（1）电动机的启动电流很大，在电动机启动时，能否使电动机额定电流整定的热继电器动作，为什么？

（2）什么是反接制动，什么是能耗制动，其各有什么特点，以及适应什么场合？

模块 5.2　三相异步电动机

5.2.1　模块目标

（1）了解三相异步电动机的结构组成。
（2）了解三相异步电动机的工作原理。

5.2.2　模块内容

（1）学习三相异步电动机的结构组成。
（2）学习三相异步电动机磁场的含义和工作原理。

5.2.3　必备知识

5.2.3.1　三相异步电动机的结构

三相异步电动机由定子和转子两大部分组成，定子和转子之间存在很小的气隙。三相异步电动机的结构如图 5-2-1 所示。

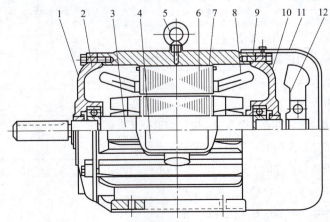

图 5-2-1　三相笼式异步电动机的结构

1—轴承；2—前端盖；3—转轴；4—接线盒；5—吊环；6—转子铁芯；7—转子；8—定子绕组；
9—机座；10—后端盖；11—风罩；12—风扇

1. 定子

三相异步电动机的定子由定子铁芯、定子绕组、机座和端盖组成。定子的主要作用是产生磁场。

1）定子铁芯

定子铁芯用来嵌放定子绕组，是三相异步电动机磁路的一部分。为了减少电动机的铁芯损耗，定子铁芯采用 0.5 mm 厚的硅钢片叠成，硅钢片内圆周表面冲有槽，用以嵌放定子绕组。按照不同的结构，槽可以分为半闭口槽、半开口槽和开口槽。小容量的电动机由于硅钢片间的涡流电压较小，因此，硅钢片相叠时利用其表面的氧化层即可减小涡流损耗。对于容量较大的电动机，可在硅钢片两面涂绝缘漆作为片间绝缘。

2）定子绕组

定子绕组是三相异步电动机的电路部分，其主要作用是通入交流电产生磁场。它由嵌在定子铁芯槽内的线圈按一定规律组成，根据定子绕组线圈在槽内的布置可分为单层绕组和双层绕组。绕组的槽内部分与铁芯之间必须可靠地绝缘，这部分绝缘称为槽绝缘。如果是双层绕组，则两层绕组之间还应有层间绝缘，槽内的导线用槽楔固定在槽内。三相异步电动机的定子绕组必须是对称绕组，即每相绕组匝数和结构完全相同，空间相差 120°。每相绕组的首端用 U_1，V_1，W_1 表示，末端用 U_2，V_2，W_2 表示。首末端分别引线到电动机的接线盒里，以便根据需要采用Y连接或△连接。

3）机座和端盖

机座的作用是支承定子铁芯和固定端盖。在中小型电动机中，端盖具有轴承座的作用。此外，机座还要支承电动机的转子部分，因此机座必须具有足够的力学强度和刚度。中小型异步电动机通常采用铸铁机座，而大型电动机的机座都是用钢板焊接而成的。

2. 转子

三相异步电动机的转子由转子铁芯、转子绕组、转轴和轴承等部件构成。转子的主要作用是产生电磁转矩。

1）转子铁芯

转子铁芯也是电动机磁路的一部分，由 0.5 mm 厚的硅钢片叠压而成。硅钢片外圆周上冲有槽，以便浇铸或嵌放转子绕组。中小型异步电动机的转子铁芯大都直接安装在转轴上，而大型异步电动机转子则固定在转子支架上，转子支架再套装固定在转轴上。

2）转子绕组

转子绕组的作用是产生感应电动势和电流，并产生电磁转矩。其结构形式有笼式和绕线式两种。

（1）笼式转子绕组。笼式转子绕组按制造绕组的材料可分为铜条绕组和铸铝绕组。铜条绕组是在转子铁芯的每一槽内插入一根铜条，每一根铜条两端各用一端环焊接起来。铜条绕组主要用于容量较大的异步电动机中。小容量异步电动机为了节约用铜和简化制造工艺，其转子绕组采用铸铝工艺，将转子槽内的导条及端环和风扇叶片一次浇铸而成，称为铸铝绕组。如果把铁芯去掉，则转子绕组像一个笼子，称为笼式转子绕组，如图 5-2-2 所示。由于两个端环分别把每一根导条的两端连接在一起，因此，笼式转子绕组是一个自行闭合的转子绕组。

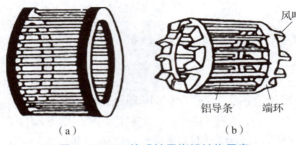

图 5-2-2 笼式转子绕组结构示意
(a) 铜条绕组；(b) 铸铝绕组

（2）绕线式转子绕组。绕线式转子绕组和定子绕组一样，是由嵌在转子铁芯槽内的线圈按一定规律组成的三相对称绕组。转子三相绕组一般采用Y连接，三个末端连在一起，三个首端分别与装在转轴上且与转轴绝缘的三个滑环相连接，再经电刷装置引出。当异步电动机启动或调速时，可以串接附加电阻，如图 5-2-3 所示。

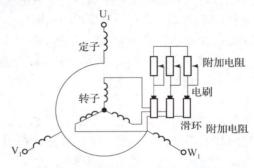

图 5-2-3 绕线式异步电动机接线示意

3. 气隙

三相异步电动机定子铁芯与转子铁芯之间的气隙比同容量直流电机的气隙小得多。气隙的大小对异步电动机的运行性能影响极大，气隙大则磁阻大，由电网提供的励磁电流也大，会使电动机的功率因数降低。但是气隙过小时，将使电动机装配困难，运行时定子、转子可能会发生摩擦，而且气隙过小时高次谐波磁场的影响增大，会对电动机产生不良影响。一般情况下三相异步电动机的气隙在 0.2~1.6 mm 之间。

5.2.3.2 三相异步电动机的工作原理

三相异步电动机的定子绕组接到对称的三相交流电源后，在三相定子绕组中就会通过对称的三相电流，产生旋转磁场。

1. 旋转磁场

1）旋转磁场的产生

只要三相定子绕组接入三相交流电就能产生旋转磁场。

如果规定电流的正方向从绕组的首端流向末端，则当各相电流的瞬时值为正值时，电流从该相绕组的首端（U_1，V_1，W_1）流入，从末端（U_2，V_2，W_2）流出；当电流的瞬时值为负时，电流从该相绕组的末端流入，而从首端流出。分析时用 ⊗ 表示电流流入，⊙ 表示电流流出。

以 $\omega t = 0°$、$\omega t = 120°$、$\omega t = 240°$、$\omega t = 360°$ 四个特定的时刻来分析。当 $\omega t = 0°$ 时，U 相电流为正且达到最大值，电流从 U_1 流入，从 U_2 流出，而 V，W 两相电流为负，分别从 V_2，W_2 流入，从 V_1，W_1 流出，如图 5-2-4（a）所示。根据右手螺旋定则，可知三相绕组产生的合成磁场的轴线与 U 相线圈的轴线相重合。合成磁场为两极磁场，磁场的方向从上向下，上方为 N 极，下方为 S 极。

用同样的方法可以画出 $\omega t = 120°$、$\omega t = 240°$、$\omega t = 360°$ 时的电流分布情况，分别如图 5-2-4（b）、图 5-2-4（c）、图 5-2-4（d）所示。从中可以发现，当三相对称电流流入三相对称绕组后，所建立的合成磁场并不是静止不动的，而是旋转的。电流变化一周，合成磁场在空间也旋转一周。若电源的频率为 f，则两极磁场旋转 $60f$，单位为 r/min，旋转的方向是从 U 相绕组轴线转向 V 相绕组轴线再转向 W 相绕组轴线。

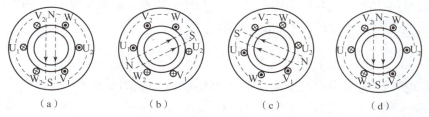

图 5-2-4　2 极旋转磁场示意

(a) $\omega t = 0°$；(b) $\omega t = 120°$；(c) $\omega t = 240°$；(d) $\omega t = 360°$

2）旋转磁场的转速

如果 U，V，W 三相绕组分别由两个线圈串联组成，则产生的合成磁场为四极旋转磁场。电流变化 1 周，磁场仅转过 1/2 周，它的转速为两极旋转磁场转速的 1/2。以此类推，当电动机的极数为 $2p$ 时，旋转磁场的转速为两极磁场转速的 $1/p$，即转 $60f/p$ 单位为 r/min。旋转磁场的转速称为同步转速，以 n_1 表示，即

$$n_1 = \frac{60f}{p}$$

由此可见，对称的三相电流通入对称的三相绕组后所形成的磁场是一个随时间而旋转的磁场。

2. 三相异步电动机的工作原理

（1）三相定子绕组通入三相对称电流产生旋转磁场。

设磁场为逆时针方向旋转。该磁场的磁力线通过定子铁芯、气隙和转子铁芯而闭合。

（2）转子绕组切割磁场产生感应电势和电流。

由于静止的转子绕组与定子旋转磁场存在相对运动，因此，转子槽内的导体切割定子磁场而生成感应电动势，感应电动势的方向可根据右手定则确定。由于转子绕组为闭合回路，在转子电动势的作用下，转子绕组中就有电流通过，如不考虑电流与电动势的相位差，电动势的瞬时方向就是电流的瞬时方向。

（3）转子电流在磁场中受力，产生电磁转矩。

根据电磁力定律，载流的转子导体在旋转磁场中必然会受到电磁力，电磁力的方向可用左手定则确定。所有转子导体受到的电磁力对转轴便形成逆时针方向的电磁转矩。从图 5-2-5

可知，电磁转矩的方向与旋转磁场的方向一致。于是转子在电磁转矩作用下，便沿着旋转磁场的方向旋转起来。如果转子与生产机械连接，则转子受到的电磁转矩将克服负载转矩而做功，从而实现电能与机械能的转换。

由于转子的旋转方向和旋转磁场的方向是一致的，如果转子的转速 n 等于旋转磁场的转速，即同步转速 n_1，则它们之间将不再有相对运动，转子导体就不能切割磁场而产生感应电动势、感应电流和电磁转矩。因此，异步电动机的转速 n 总是略小于同步转速 n_1，即与旋转磁场异步地转动，故称为异步电动机。

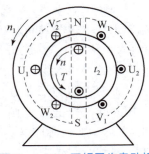

图 5-2-5　三相异步电动机工作原理示意

转子与旋转磁场的相对速度即同步转速 n_1 与转子转速 n 的差称为转差 Δn。

Δn 与 n_1 的比称为转差率，用 s 表示，即

$$s = \frac{n_1 - n}{n_1} \times 100\%$$

异步电动机的转速随负载的变化而变化，转差率 s 也就随负载的变化而变化。但一般情况下，转差率变化不大。空载时 s 在 0.5% 以下；额定负载时，s 在 1.5%~5% 范围内。

5.2.4　学习评价

评价项目	评价内容	分值/分	自评	互评	师评
职业素养 （50 分）	劳动纪律，职业道德	10			
	积极参加任务活动，按时完成工作任务	10			
	团队合作，交流沟通能力良好，能够合理处理合作中的问题和冲突	10			
	爱岗敬业，具有安全意识、责任意识、服从意识	10			
	能够用专业的语言正确、流利地展示成果	10			
专业能力 （50 分）	专业资料检索能力	10			
	了解三相异步电动机的结构组成	10			
	了解三相异步电动机的工作原理	10			
	掌握三相异步电动机磁场的含义	10			
	掌握三相异步电动机磁场的工作原理	10			
总计	好（86~100 分），较好（70~85 分），一般（<70 分）	100			

5.2.5　复习与思考

1. 填空题。

（1）三相异步电动机由_____和_____两大部分组成。

(2) 三相异步电动机的定子由 _____、_____、_____ 和 _____ 组成。

2. 选择题。

(1) 三相异步电动机工作时，其电磁转矩由旋转磁场与（　　）共同作用产生。

A. 定子电流　　　B. 转子电流　　　C. 转子电压　　　D. 电源电压

(2) 三相异步电动机的位置控制电路中，除了用行程开关外，还可用（　　）。

A. 断路器　　　B. 速度继电器　　　C. 热继电器　　　D. 光电传感器

(3) 三相异步电动机能耗制动时，机械能转换为电能并消耗在（　　）回路的电阻上。

A. 励磁　　　B. 控制　　　C. 定子　　　D. 转子

(4) 三相异步电动机能耗制动的控制线路至少需要（　　）个按钮。

A. 2　　　B. 1　　　C. 4　　　D. 3

3. 简答题。

(1) 既然三相异步电动机主电路中装有熔断器，为什么还要装热继电器？是否能在二者中任意选择？

(2) 试比较交流接触器与中间继电器的相同及不同之处，并说明如果采用 PLC 控制，还需要中间继电器吗，为什么？

模块 5.3　常用的低压电器

5.3.1　模块目标

(1) 了解常见低压电器的分类和发展方向。

(2) 了解常见低压电器、控制电器、保护电器的结构和使用原则。

5.3.2　模块内容

(1) 学习常见低电器的分类和发展方向。

(2) 学习常见低电器、控制电器、保护电器的结构。

5.3.3　必备知识

(1) 电器：对电能的生产、输送、分配和使用起控制、调节、检测、转换及保护作用的电工器械。

(2) 低压电器：工作在交流 50 Hz、额定电压 1 200 V 或直流电压 1 500 V 及以下的电路中起通断、保护、控制或调节作用的电器。

5.3.3.1　低压电器的分类和发展方向

1. 按用途分

(1) 控制电器：用于各种控制电路和控制系统的电器，如接触器、继电器等。

(2) 主令电器：用于自动控制系统中发送控制指令的电器，如按钮、行程开关等。

(3) 保护电器：用于保护电路及用电设备的电器，如熔断器、热继电器等。

(4) 配电电器：用于电能的输送和分配的电器，如低压断路器、隔离器等。

(5) 执行电器：用于完成某种动作或传动功能的电器，如电磁铁、电磁离合器等。

2. 按执行机能分

(1) 有触点电器：利用触点的接触和分离来通断电路的电器，如接触器、继电器等。

(2) 无触点电器：利用电子电路发出检测信号，达到执行指令并控制电路目的的电器，如电子接近开关等。

当前，低压电器继续沿着体积小、质量轻、安全可靠、使用方便的方向发展。

5.3.3.2 主令电器

主令电器是用来发布命令、改变控制系统工作状态的电器，主要有控制按钮、行程开关等。

1. 控制按钮

1) 按钮的作用

在控制电路中按钮常用于远距离手动控制接触器、继电器等有电磁线圈的电器，也可用于电气联锁等电路中。

由于按钮只能接通或分断交流电压为 500 V 或直流电压为 440 V、电流为 5 A 及以下的电路，因此，按钮不能直接控制主电路的通断。

2) 按钮结构和符号

按钮结构示意如图 5-3-1 所示。

$$
\text{按钮结构}\begin{cases} \text{按钮帽} \\ \text{复位弹簧} \\ \text{触点} \rightarrow \begin{cases} \text{动触点} \\ \text{静触点} \begin{cases} \text{动断（常闭）静触点} \\ \text{动合（常开）静触点} \end{cases} \end{cases} \end{cases}
$$

图 5-3-1 按钮结构示意

如图 5-3-2 所示，当未按下按钮帽时，动断（常闭）静触点闭合，动合（常开）静触点断开；当按下按钮帽时，动断（常闭）静触点先断开，而动合（常开）静触点后闭合；当松开按钮帽时，在复位弹簧的作用下，动合（常开）静触点先断开，而动断（常闭）静触点后闭合。

(a)　　　　　　　　　(b)　　　　　　　　　(c)

图 5-3-2 常见控制按钮和符号

(a) 外形图；(b) 结构；(c) 按钮站

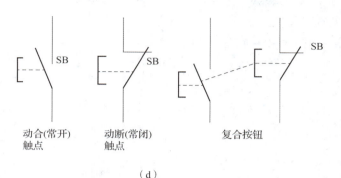

（d）

图 5-3-2　常见控制按钮和符号（续）

（d）控制按钮符号

3）按钮的选择

目前常用的按钮有 LA10、LA18、LA19、LA20 等系列的产品。

按钮的选择应根据使用场合、控制电路所需触点数目及按钮颜色等要求选用。一般用红色表示停止和急停；绿色表示启动；黑色表示点动；还有黄色、白色、蓝色等颜色，供不同场合使用。

2. 行程开关

行程开关又称限位开关或位置开关。

1）作用及工作原理

行程开关是用来控制某些机械部件运动行程和位置的电器。当机械的运动部件压到行程开关的传动部件时，其内部触点动作，接通、变换或分断控制电路，达到对电路的控制目的。

2）结构及示意

行程开关由操作机构、触点系统和外壳等部分组成，如图 5-3-3 所示。

实物图

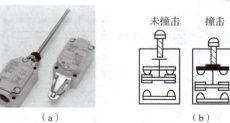

（a）

（b）

图 5-3-3　行程开关

（a）外形；（b）示意

3) 行程开关的选择及符号

行程开关的符号如图 5-3-4 所示。

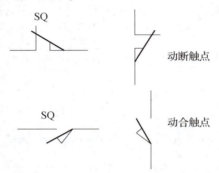

图 5-3-4 行程开关的符号

在选择行程开关时，应根据被控制电路的特点、要求、生产现场条件和触点数量等因素进行考虑。

常用的行程开关有 LX19、LX31、LX32、JLXK1 等系列产品。

3. 低压断路器

低压断路器又称自动空气开关或自动空气断路器，如图 5-3-5 所示，简称自动开关。

1) 作用及分类

低压断路器用于电动机和其他用电设备的电路中。在正常情况下，它可以分断和接通工作电流。当电路发生过载、短路、失压等故障时，它能自动切断故障电路，有效地保护串接于它后面的电气设备，还可以用于不频繁地接通或分断负荷的电路，控制电动机的运行和停止。

图 5-3-5 低压断路器

低压断路器按结构可分为框架式（万能式）低压断路器和塑料外壳式（装置式）低压断路器两类。

2) 结构和工作原理

低压断路器由触点系统、灭弧装置、各种脱扣器、脱扣机构和操作机构等部分组成，如图 5-3-6 所示。

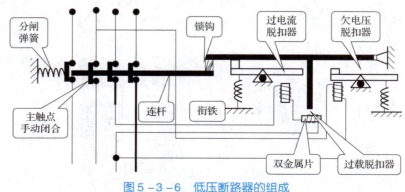

图 5-3-6 低压断路器的组成

（1）触点系统和灭弧装置用于接通和分断主电路。为了加强灭弧能力，在主触点处安装灭弧装置。

（2）脱扣器是低压断路器的感应元件，当电路出现故障时，脱扣器收到信号后，经脱扣机构动作，使触点分断。常见的有：①欠电压脱扣器；②过电流脱扣器；③过载脱扣器；④分励脱扣器。

（3）脱扣机构和操作机构是低压断路器的机械传动部件，当脱扣机构接收到信号后由低压断路器切断电路。

3）低压断路器的图形符号和文字符号

低压断路器的图形符号和文字符号如图5-3-7所示。

4）主要技术参数

包括额定电压、额定电流、极数、脱扣器类型、整定电流范围、分断能力、动作时间等。

5）低压断路器的选用原则

（1）低压断路器的类型可根据电气装置的要求确定。

（2）低压断路器的保护形式可根据对线路的保护要求确定。

（3）低压断路器的额定电压和额定电流应大于或等于线路、设备的正常工作电压和工作电流。

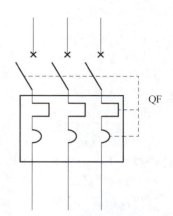

图5-3-7　低压断路器的图形符号和文字符号

（4）低压断路器的极限通断能力大于或等于电路最大短路电流。

（5）欠电压脱扣器的额定电压等于线路的额定电压。

（6）过电流脱扣器的额定电流大于或等于线路的最大负载电流。

国产低压断路器主要有DW15、DW16、DZ15、DZ20、DZX10、DS12等系列产品，从国外引进技术生产的低压断路器产品有德国的ME系列、西门子公司的3WE系列、日本三菱公司的AE/NF/NV系列、法国施耐德公司的C65/MT06/MT08系列。

5.3.3.3　接触器

1. 接触器的作用和分类

接触器是用来频繁接通或断开交、直流主电路和大容量控制电路的电器。它不仅具有远程控制的功能，还具有低电压释放保护功能，是电力拖动控制系统中最重要也最常用的控制电器。

接触器分为交流接触器、直流接触器两种。

1）交流接触器

交流接触器用于远距离控制电压至380 V、电流至600 A的交流电路，以及频繁启动和控制交流电动机的控制电器。

CJ20系列交流接触器结构如图5-3-8所示，上部是主、辅助触点和灭弧装置，下部是电磁机构。

CJ20系列交流接触器的主触点均做成三极，辅助触点则为两动合、两动断形式。此系列交流接触器常用于控制笼型电动机的启动和运转。

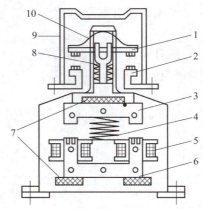

图 5-3-8 CJ20 系列交流接触器结构

1—动触头；2—静触头；3—衔铁；4—缓冲弹簧；5—电磁线圈；
6—铁芯；7—垫；8—触头弹簧；9—灭弧罩；10—触头压力弹片

常用的交流接触器产品，国内有 CJ10、CJ12、CJ10X、CJ20、CJX1、CJX2 等系列；引进国外技术生产的有 B、3TB、3TD、LCD 等系列。

2）直流接触器

直流接触器与交流接触器的工作原理相同，结构也基本相同，不同之处是，铁芯线圈通直流电时不会产生涡流和磁滞损耗，所以不发热。为方便加工，铁芯由整块软钢制成。为使线圈散热良好，通常将线圈绕制成长而薄的圆筒形，并与铁芯直接接触，易于散热。

常用的直流接触器有 CZ0、CZ18 等系列。

2. 接触器的结构

接触器主要由电磁系统、触点系统和灭弧装置组成。

1）电磁系统

电磁系统由铁芯、衔铁、励磁线圈等组成。

作用：将电磁能转换为机械能，带动触头动作，完成通断电路的控制。

（1）电磁铁结构

电磁系统的电磁铁结构如图 5-3-9 所示。

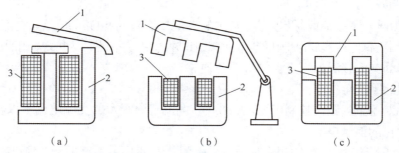

图 5-3-9 电磁系统的电磁铁结构

(a) 衔铁绕棱角转动的拍合式结构；(b) 衔铁绕转轴转动的拍合式结构；(c) 衔铁做直线运动的双 E 式结构

1—衔铁；2—铁芯；3—吸引线圈

图 5-3-9（a）所示为衔铁绕棱角转动的拍合式结构，其铁芯由电工软钢制成，常用于直流电器中。

图 5-3-9（b）所示为衔铁绕转轴转动的拍合式结构，铁芯形状有 E 形和 U 形两种，由硅钢片叠成，多用于触头容量较大的交流电器中。

图 5-3-9（c）所示为衔铁做直线运动的双 E 式结构，由硅钢片叠成，多用于触头为中、小容量的交流接触器和继电器中。

工作原理：当线圈中有工作电流通过时，电磁吸力克服弹簧的反作用力，使得衔铁与铁芯闭合，由连接机构带动相应的触头动作。

（2）励磁线圈

励磁线圈由漆包线绕制而成。

作用：将电能转换成磁场能量。

线圈通入直流电的为直流线圈，通入交流电的为交流线圈。在交流电产生的交变磁场中为避免因磁通过零点造成衔铁抖动，一般会在交流电器铁芯的端部开槽，嵌入一通短路环。

2）触点系统

触点系统结构如图 5-3-10（a）所示，其中桥式触点结构（点接触式）如图 5-3-10（b）所示。

作用：接通或断开电路。

触点系统结构 { 桥式 { 点接触式——适用于电流不大的场合
面接触式——适用于电流较大的场合
指式：适合于触头分合次数多、电流大的场合

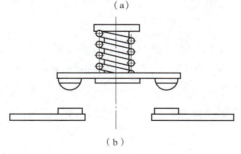

图 5-3-10 触点系统
（a）触点系统结构；（b）桥式触点结构（点接触式）

触点系统分为主触点（用来通断电流较大的主电路）和辅助触点（用来通断电流较小的控制电路）。

3）灭弧装置

作用：用来迅速熄灭主触点在分断电路时所产生的电弧，保护触点不受电弧灼伤，并使分断时间缩短。

（1）双断点灭弧。通过机械装置将电弧迅速拉长，如图 5-3-11（a）所示，多用于开关电器中。

（2）磁吹灭弧。在一个与触头串联的磁吹线圈产生的磁场作用下，电弧受磁场的作用而拉长，然后被吹入由固体介质构成的灭弧罩内，与固体介质相接触，电弧被冷却而熄灭。

(3）窄缝灭弧。这种灭弧方法是借助灭弧罩上的窄缝来完成灭弧任务的。灭弧罩上有许多窄缝和纵缝，上窄下宽。当触点断开时，电弧在电动力的作用下进入窄缝内，加快灭弧。

(4）栅片灭弧。熄弧栅片由镀铜薄钢片制成，位于触点上方，各片间互相绝缘。当触点分断电路产生电弧时，栅片能将电弧分为若干段，每段电压不足以维持起弧，且熄弧栅片有冷却作用，电弧可迅速熄灭，如图 5-3-11（b）所示。

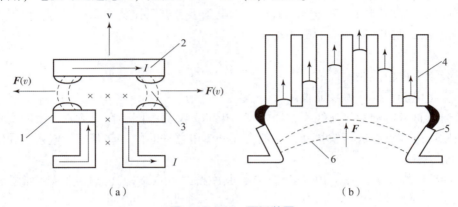

图 5-3-11　灭弧装置
（a）双断点灭弧；（b）栅片灭弧
1—静触点；2—动触点；3—电弧；4—熄弧栅片；5—触点；6—电弧

4）其他部件

接触器的其他部件包括复位弹簧、缓冲弹簧、触点压力弹簧、传动机构、接线柱等。

3. 接触器的工作原理

当接触器的励磁线圈通电后，在衔铁气隙处产生电磁吸力，使衔铁吸合。由于主触点支持件与衔铁固定在一起，因此，衔铁吸合带动主触点也闭合，接通主电路。与此同时，衔铁还带动辅助触点动作，使动合触点闭合、动断触点断开。当线圈断电或电压显著降低时，电磁吸力消失或变小，衔铁在复位弹簧的作用下打开，使主、辅助触点恢复到原来的状态，把电路切断。

4. 接触器图形符号与文字符号

接触器的图形符号与文字符号如图 5-3-12 所示。

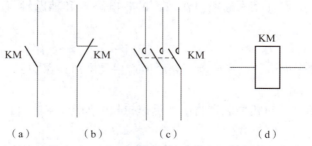

图 5-3-12　接触器的图形符号与文字符号
（a）辅助动合触点；（b）辅助动断触点；（c）主触点；（d）线圈

5. 接触器的选用

接触器应用广泛，为了保证它在不同的使用条件下正常工作，必须根据下列原则正确选用接触器，使其技术指标满足被控电路的要求。

（1）选择接触器的类型：控制交流负载应选用交流接触器，控制直流负载则选用直流接触器。

（2）接触器的使用类别应与负载性质相一致。

（3）主触点的额定电压应大于或等于负载回路的额定电压。

（4）主触点的额定电流应大于或等于负载的额定电流。

（5）吸引线圈的电流种类和额定电压应与控制回路电压相一致，接触器在线圈额定电压85%及以上时应能可靠吸合。

（6）接触器的主触点和辅助触点的数量应满足控制系统的要求。

5.3.3.4 控制继电器

控制继电器是一种利用电流、电压、时间、温度等信号的变化来接通或断开所控制的电路，以实现自动控制或完成保护任务的自动电器，如图5-3-13所示。

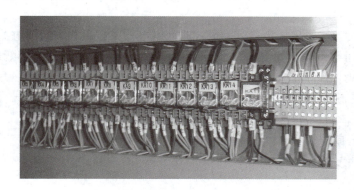

图5-3-13 控制继电器

控制继电器按输入信号分为电流继电器、电压继电器、时间继电器、速度继电器等；按线圈电流种类分为交流继电器、直流继电器；按工作原理分为电磁式继电器、感应式继电器、热继电器、电子继电器等。

1. 中间继电器

中间继电器在结构上是一个电压继电器，在控制电路中起信号传递、放大、翻转和分离的作用。它的输入信号为线圈的通电或断电，输出信号为触点的动作。它的触点数量较多，各触点的额定电流相同。

中间继电器的外形结构如图5-3-14所示。它由线圈、衔铁、铁芯、触点系统、反作用弹簧和缓冲弹簧等组成。中间继电器的图形符号和文字符号如图5-3-15所示。

常用的中间继电器有JZ7、JZ8、JZ11等系列。

选择中间继电器时应考虑线圈的电压和电流、触点的数量和容量是否满足电路的要求、电源是交流还是直流等问题。

图 5-3-14 中间继电器的外形结构

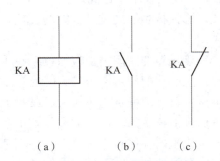

(a)   (b)   (c)

图 5-3-15 中间继电器的图形符号和文字符号

(a) 继电器线圈；(b) 动合触点；(c) 动断触点

2. 时间继电器

从得到输入信号（线圈的通电或断电）起，触点经过一段时间才动作的继电器称为时间继电器。

时间继电器按工作原理分为空气阻尼式时间继电器、电磁式时间继电器、电动式时间继电器、电子式时间继电器；按延时方式分为通电延时型时间继电器、断电延时型时间继电器。

机床控制电路中应用较多的是空气阻尼式时间继电器，同时，电子式时间继电器的应用也越来越广泛。

数控机床中一般由计算机软件实现时间控制，而不采用时间继电器方式来进行控制。时间继电器的文字符号和图形符号如图 5-3-16 所示。

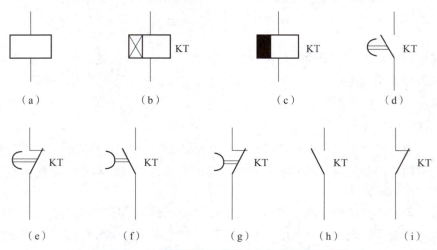

图 5-3-16 时间继电器的文字符号和图形符号

(a) 一般线圈符号；(b) 通电延时线圈；(c) 断电延时线圈；(d) 延时闭合的动合触点；(e) 延时断开的动断触点；(f) 延时断开的动合触点；(g) 延时闭合的动断触点；(h) 瞬时动合触点；(i) 瞬时动断触点

5.3.3.5 保护电器

1. 热继电器

热继电器是一种利用电流的热效应来切断电路的保护电器，专门用来对连续运转的电动机进行过载及断相保护，以防电动机过热而烧毁。

热继电器按相数分为两相热继电器、三相热继电器。三相热继电器又分为不带断相保护的继电器和带断相保护的继电器。

1) 热继电器的结构及工作原理

（1）热继电器的结构。

热继电器由热元件、触点系统、动作机构、复位机构、整定电流装置和温度补偿元件等器件组成，如图 5-3-17 所示。

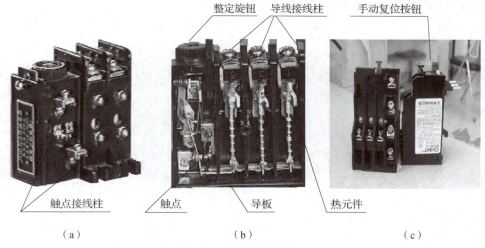

图 5-3-17 热继电器
(a) 外形；(b) 热继电器外形与结构；(c) 结构

热继电器的热元件有两相结构和三相结构，是热继电器的测量元件。它主要由主双金属片和绕在外面的电阻丝组成。热继电器符号如图 5-3-18 所示。

（2）热继电器的工作原理。

热元件串接在电动机定子绕组中，当电动机正常运行时，热元件产生的热量不会使触点系统动作。但当电动机过载，流过热元件的电流加大，经过一定的时间，热元件产生的热量就会使双金属片的弯曲程度超过一定值，进而通过导板推动热继电器的触点动作（动断触点断开，动合触点闭合）。通过串接在接触器线圈电路的动断触点来切断线圈电流，使电动机主电路失电（排除故障）。在电源切断后，双金属片逐渐冷却，过一段时间后恢复原状。如果热继电器处于手动状态，则需按复位按钮，使触点复位；如果热继电器处于自动复位状态，则在双金属片的作用下触点会自动复位。

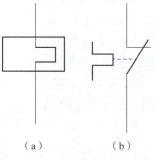

图 5-3-18 热继电器符号
(a) 热元件；(b) 动断触点

2)热继电器主要参数及常用型号

热继电器的主要参数如下。

(1)热继电器额定电流:可以安装的热元件的最大整定电流。

(2)相数。

(3)热元件额定电流:热元件的最大整定电流。

(4)整定电流:长期通过热元件而不引起热继电器动作的最大电流,按电动机额定电流整定。

(5)调节范围:手动调节整定电流的范围。

常用的热继电器有 JR0、JR14、JR15、JR16、JR20 等系列。热继电器的基本技术数据可查阅有关资料。

3)热继电器的选择

(1)根据实际要求确定热继电器的结构类型。

(2)根据电动机的额定电流来确定热继电器的型号、热元件的电流等级和整定电流。

2. 电流继电器

电流继电器是指根据输入电流大小而动作的继电器,其符号如图 5-3-19 所示。

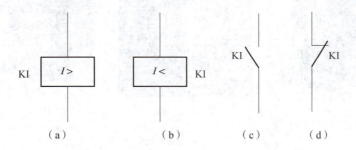

图 5-3-19 电流继电器符号

(a)过电流继电器线圈;(b)欠电流继电器线圈;(c)动合触点;(d)动断触点

使用时,电流继电器的线圈和被保护的设备串联,因其线圈匝数少而线径粗、阻抗小、分压小,所以不影响电路正常工作。

电流继电器按用途可分为过电流继电器——当电路发生短路及过流时立即切断电路;欠电流继电器——当电路电流过低时立即切断电路。

过电流继电器的衔铁在正常工作时不动作,当电流超过某一整定值时才吸合,对电路起到过电流保护作用。

欠电流继电器在正常工作时,衔铁是吸合的状态,只有当电路电流降到额定电流的 20%~30% 时,继电器才释放,对电路起到欠电流保护作用。

3. 电压继电器

电压继电器是指根据输入电压大小而动作的继电器,其符号如图 5-3-20 所示。

使用时,电压继电器的线圈与负载并联,其线圈匝数多而线径细。

电压继电器分为过电压继电器——在电路电压为额定电压的 105%~120% 时吸合,起过电压保护作用;欠电压继电器——在电路电压正常时吸合,当电路电压减小到额定电压的

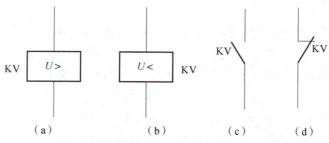

图 5-3-20 电压继电器符号

（a）过电压继电器线圈；（b）欠电压继电器线圈；（c）动合触点；（d）动断触点

30%～50%时释放，起欠电压保护作用；零电压继电器——当电路电压减小到额定电压的5%～25%时释放，起零电压保护作用。

4. 熔断器

熔断器是在低压线路和机床电气控制系统中最简单、最常用的短路保护电器。

1）熔断器的结构和工作原理

（1）熔断器的结构。

熔断器是由熔断管、熔体及导电部件等部分组成。熔体是熔断器的主要部分，既是测量元件又是执行元件。它是用不同金属材料（如铅锡合金、银、铜）制成的丝状、片状、笼状或带状器件。熔断管是由瓷质绝缘材料或硬质纤维制成的半封闭式管状外壳，熔体装在熔断管中，在熔体熔断时起灭弧作用。

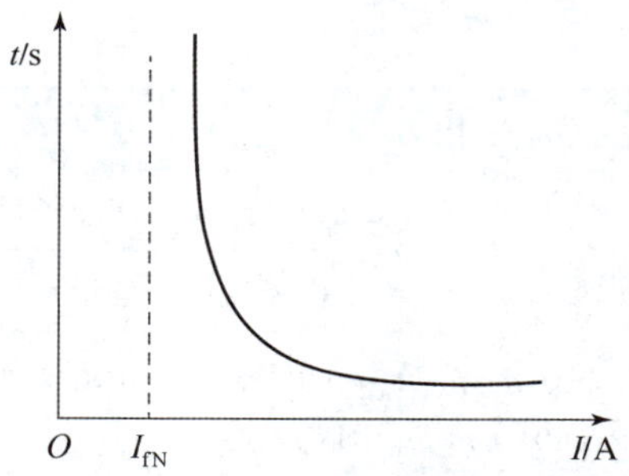

（2）熔断器的工作原理。

图 5-3-21 熔断器的保护特性曲线

熔断器的保护特性是指熔体熔断的电流值与熔断时间的关系，如图 5-3-21 所示，也称熔断器的安-秒特性。

熔断器串联于被保护电路中，当电路正常工作时，通过熔体的电流小于或等于额定电流。由于熔体发热的温度低于熔体的熔点，因此，熔体不会熔断。当电路发生过载或短路故障时，通过熔体的电流大于额定电流，发热的温度高于熔体的熔点，因此，熔体自行熔断，从而分断故障电路。

2）常用熔断器的种类及技术数据

熔断器按结构可分为瓷插式熔断器（RC1A）系列，螺旋式熔断器（RL6、RL7、RLS1）系列，无填料密封管式熔断器（RM10）系列，有填料密封管式熔断器（RT12、RT14、RT15）系列等。

3）熔断器的选择

（1）根据线路的要求、使用场合和安装条件选择熔断器类型。

（2）熔断器额定电压应大于或等于线路的工作电压。

（3）熔断器额定电流应大于或等于所装熔体的额定电流。

（4）熔体额定电流的选择方法如下。

①电路上、下两级都装设熔断器时，为使两级保护相互配合良好，两极熔体额定电流的

比值不小于 1.6∶1。

②用于电炉、照明等电阻性负载的短路保护时，熔体的额定电流等于或稍大于电路的工作电流。

③保护一台异步电动机时，考虑电动机冲击电流的影响，熔体的额定电流为

$$I_{fN} \geqslant (1.5 \sim 2.5) I_N$$

式中　I_{fN}——熔体额定电流；

　　　I_N——电动机额定电流。

④保护多台异步电动机时，若各台电动机不同时启动，则

$$I_{fN} \geqslant (1.5 \sim 2.5) I_{Nmax} + \sum I_N$$

式中　I_{Nmax}——容量最大的一台电动机的额定电流；

　　　$\sum I_N$——其余电动机额定电流的和。

⑤熔体极限分断能力必须大于电路中可能出现的最大故障电流。

熔断器的图形符号及文字符号如图 5-3-22 所示。

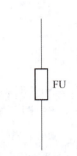

图 5-3-22 熔断器的图形符号及文字符号

5.3.4　学习评价

评价项目	评价内容	分值/分	自评	互评	师评
职业素养 （50 分）	劳动纪律，职业道德	10			
	积极参加任务活动，按时完成工作任务	10			
	团队合作，交流沟通能力良好，能够合理处理合作中的问题和冲突	10			
	爱岗敬业，具有安全意识、责任意识、服从意识	10			
	能够用专业的语言正确、流利地展示成果	10			
专业能力 （50 分）	专业资料检索能力	10			
	了解常见的低压电器的分类和发展方向	10			
	了解常见低压电器、控制电路、保护电器的结构和使用原则	10			
	掌握常见低压电器的工作原理	10			
	掌握常见低压电器的使用场景	10			
总计	好（86~100 分），较好（70~85 分），一般（<70 分）	100			

5.3.5　复习与思考

1. 填空题。

（1）主令电器是用来发布命令、改变控制系统工作状态的电器。主要有_____、_____、低压断路器等。

（2）控制继电器按输入信号分为＿＿＿＿、＿＿＿＿、＿＿＿＿、＿＿＿＿等。

2. 选择题。

（1）Z3040摇臂钻床的摇臂升降电动机由按钮和接触器构成的（　　）控制电路来控制。

  A. 单向启动停止　 B. 正/反转点动

  C. Y－△启动　 D. 减压启动

（2）Z3040摇臂钻床中摇臂上升或下降的控制按钮安装在（　　）。

  A. 摇臂上　 B. 立柱外壳上　 C. 主轴箱外壳上　 D. 底座上

（3）Z3040摇臂钻床中利用（　　）实行摇臂上升与下降的限位保护。

  A. 电流继电器　 B. 光电开关　 C. 按钮　 D. 行程开关

（4）M7130平面磨床控制电路的控制信号主要来自（　　）。

  A. 工控机　 B. 变频器　 C. 按钮　 D. 触摸屏

3. 简答题。

（1）试说明交流接触器与中间继电器的相同及不同之处。

（2）说明自动开关DZ10－20/330的额定电流大小、极数，并说明它有哪些脱扣装置和保护功能。

（3）空气式时间继电器按其控制原理可分为哪两种类型，每种类型的时间继电器的触头有哪几类，画出它们的图形符号。

（4）电气控制中，熔断器和热继电器的保护作用有什么不同，为什么？

（5）为何用热继电器进行过载保护？

模块5.4　机床电气控制电路设计

5.4.1　模块目标

（1）掌握三相异步电动机的点动、连续运转控制电路。

（2）掌握三相异步电动机的正反转控制电路。

（3）掌握三相异步电动机的降压启动控制电路。

（4）了解三相异步电动机的制动控制电路。

5.4.2　模块内容

学习机床电气控制系统的常用电路。

5.4.3　必备知识

5.4.3.1　笼型异步电动机的直接启动控制

三相笼型异步电动机的启动方法有直接启动和降压启动，机床上小容量的电动机采用直接启动，大容量的电动机采用降压启动。

1. 点动控制

点动控制用于机床主轴或工作台的调整，机床的试车检修等。三相异步电动机点动控制电路如图 5-4-1 所示。

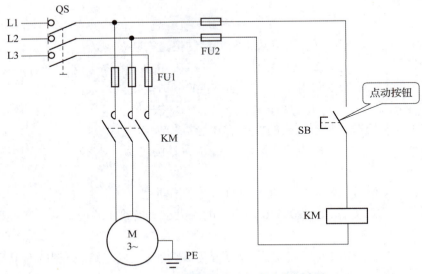

图 5-4-1 三相异步电动机点动控制电路

工作过程：先接通电源开关 QS，按下 SB 按钮→KM 线圈得电→KM 主触头闭合→电动机 M 通电启动；松开 SB 按钮→KM 线圈断电→KM 主触头复位→电动机断电停止。

2. 连续运转控制

为了保证电动机正常工作，电动机的启动—运转—停止必须有效控制，三相异步电动机连续运转控制电路如图 5-4-2 所示。

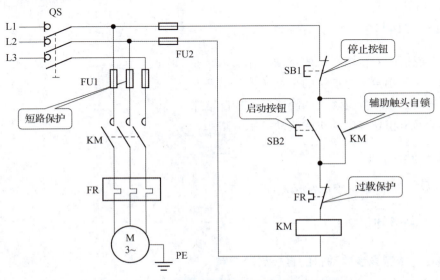

图 5-4-2 三相异步电机连续运转控制电路

工作过程：先接通电源开关 QS。

启动过程：按下 SB2→KM 线圈得电→ { KM 主触头闭合→电动机运转。 KM 动合辅助触点闭合自锁。

停止过程：按下 SB1→KM 线圈失电→KM 主触头、辅助触点断开，电动机停止。

保护环节 { 短路保护：FU1、FU2。 过载保护：FR。 欠压、失压保护：KM 自锁环节。

5.4.3.2 笼型异步电动机的正反转控制

笼型异步电动机的正反转控制用于机床工作台的前进与后退或升与降，机床主轴的正反转等。

由电动机原理可知，只要把电动机的三相电源进线中的任意两相对调，就可改变电动机的转动方向。这一要求需要用两个接触器来实现，当正转接触器工作时，电动机正转；当反转接触器工作时，将电动机接到电源的任意两根相线对调一下，电动机反转。三相异步电动机正反转控制电路如图 5-4-3 所示。

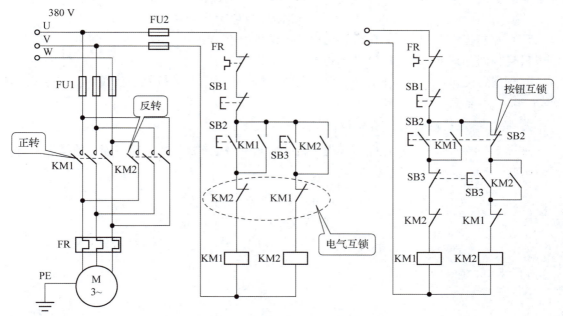

图 5-4-3 三相异步电动机正反转控制电路

1. 接触器联锁的正反转控制

如图 5-4-4 所示，两个接触器联锁可完成正转—停止—反转或反转—停止—正转的电气控制。

线路的动作原理如下。

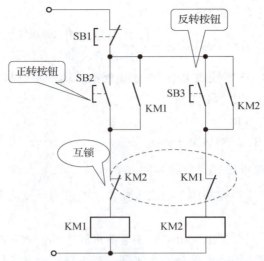

图 5-4-4 三相异步电动机接触器联锁正反转控制电路

正转控制：按下 SB2→KM1 线圈得电→ $\begin{cases} \text{KM1 自锁触头闭合。} \\ \text{KM1 主触头闭合→电动机 M 正转。} \\ \text{KM1 互锁触头断开。} \end{cases}$

停止控制：按下 SB1→KM1 线圈失电→电动机 M 停转。

反转控制：按下 SB3→KM2 线圈得电→电动机 M 反转。

这种线路的缺点是操作不方便，要改变电动机转向，必须先按停止按钮 SB1，再按反转按钮 SB3，才能使电动机反转。

2. 按钮接触器联锁的正反转控制

如图 5-4-5 所示，此电路可实现正转—反转—停止或反转—正转—停止的操作控制。

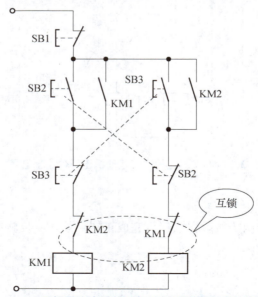

图 5-4-5 三相异步电动机按钮接触器联锁正反转控制电路

此电路的动作原理如下。

正转控制：按下 SB2→KM1 得电→电动机正转。

反转控制：按下 SB3→$\begin{cases} KM1\ 断电 \\ KM2\ 得电 \end{cases}$→电动机反转。

5.4.3.3 笼型异步电动机的降压启动控制

较大容量的笼型异步电动机一般都采用降压启动的方式启动。

1. 定子串电阻降压启动

电动机启动时在三相定子电路中串接电阻，接触器联锁控制电路，使电动机定子绕组电压降低，启动后再将电阻短接，电动机仍然在正常电压下运行，如图 5-4-6 所示。

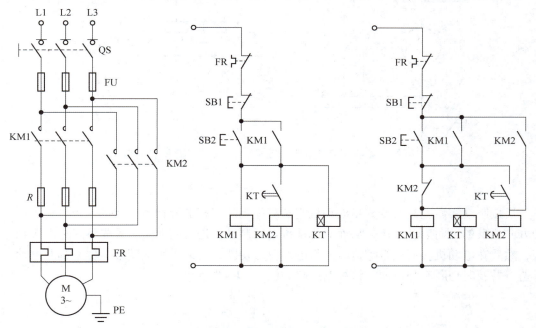

图 5-4-6 三相异步电动机串电阻降压启动控制电路

工作原理如下。

按下 SB2→$\begin{cases} KM1\ 得电→电动机串电阻启动。 \\ KT\ 得电\xrightarrow{计时}KM2\ 得电→电动机全压运行。 \end{cases}$

按下 SB1，电动机停止。

2. Y-△降压启动

该方法用于定子绕组在正常运行时为△连接的电动机，电动机启动时，定子绕组首先采用Y连接，至启动即将完成时再换△连接，如图 5-4-7 所示。

5.4.3.4 笼型异步电动机制动控制电路

由电动机驱动的机床运动部件需要能迅速停车和准确定位，即要求对电动机进行制动控制，强迫电动机立即停车。

电动机制动方法有机械制动和电气制动两种。电气制动又分为反接制动和能耗制动。

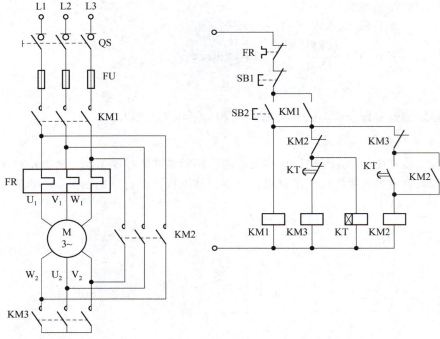

图 5-4-7　三相异步电动机 Y-△ 降压启动控制电路

1. 反接制动

反接制动实质上是改变异步电动机定子绕组中的三相电源相序，生成一个与转子惯性转动方向相反的反向启动转矩，从而对电动机进行制动。进行制动时，首先将三相电源相序切换，然后在电动机转速接近零速时，将电源及时切断。可以采用速度继电器来判断电动机的零速点并及时切断三相电源，该控制电路如图 5-4-8 所示。

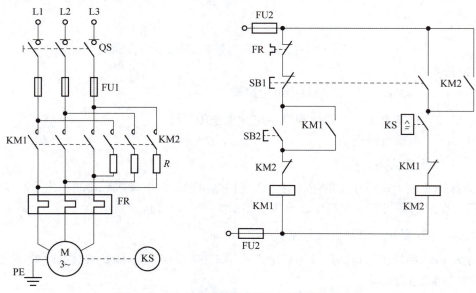

图 5-4-8　三相异步电动机反接制动控制电路

工作过程如下。

启动过程：按下 SB2→KM1 通电→电动机正转运行→KV 动合触点闭合。

制动过程：按下 SB1→$\begin{cases} \text{KM1 断电。} \\ \text{KM2 通电（开始制动）} \end{cases}$→$n≈0$，KV 复位→KM2 断电制动结束。

2. 能耗制动

在三相电动机停车切断三相电源的同时，将一直流电源接入定子绕组，就会产生一个静止的磁场。以惯性转动的转子切割该磁场，将产生一个与转动方向相反的电磁转矩，对转子起制动作用，能耗制动结束后切断直流电源。

如图 5-4-9 所示，其工作原理如下。

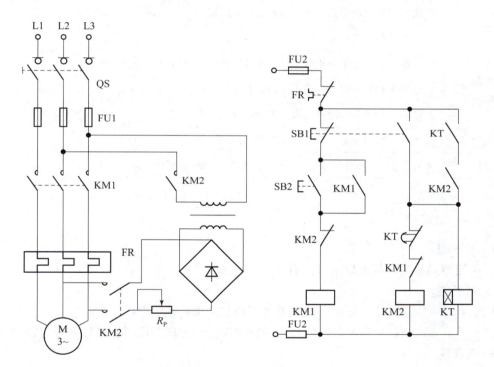

图 5-4-9　三相异步电动机能耗制动控制电路

启动过程：按下 SB2→KM1 通电→电动机启动。

制动过程：按下 SB1$\begin{cases} \text{KM1 断电} \\ \text{KM2 通电} \end{cases}$能耗制动。

KT 通电 $\xrightarrow{\text{延时}}$ KM2 断电（制动结束）。

5.4.4 学习评价

评价项目	评价内容	分值/分	自评	互评	师评
职业素养 （50分）	劳动纪律，职业道德	10			
	积极参加任务活动，按时完成工作任务	10			
	团队合作，交流沟通能力良好，能够合理处理合作中的问题和冲突	10			
	爱岗敬业，具有安全意识、责任意识、服从意识	10			
	能够用专业的语言正确、流利地展示成果	10			
专业能力 （50分）	专业资料检索能力	10			
	了解三相异步电动机的点动、连续运转控制电路	10			
	掌握三相异步电动机的正反转控制电路	10			
	掌握三相异步电动机的降压启动控制电路	10			
	了解三相异步电动机的制动控制电路	10			
总计	好（86~100分），较好（70~85分），一般（<70分）	100			

5.4.5 复习与思考

1. 填空题。

三相笼型异步电动机的启动方法有＿＿＿＿和＿＿＿＿。

2. 判断题。

（1）（   ）△连接的异步电动机可选用两相结构的热继电器。

（2）（   ）三相异步电动机的转向与旋转磁场的方向相反时，工作在再生制动状态。

3. 选择题。

（1）C6150 车床（   ）的正反转控制线路具有三位置自动复位开关的互锁功能。

A. 冷却液电动机　　　　　　　　　　B. 主轴电动机

C. 快速移动电动机　　　　　　　　　D. 润滑油泵电动机

（2）Z3040 摇臂钻床主电路的四台电动机中，有（   ）台电动机需要正反转控制。

A. 2　　　　　　　B. 3　　　　　　　C. 4　　　　　　　D. 1

4. 简答题。

（1）画出带有热继电器过载保护的三相异步电动机启动停止控制线路，包括主电路。

（2）动合触点串联或并联，在电路中起什么样的控制作用；动断触点串联或并联起什么控制作用？

（3）在两台电动机不同时启动的情况下，一台电动机额定电流为 14.8 A，另一台的额定电流为 6.47 A，试选择用作短路保护熔断器的额定电流及熔体的额定电流。

阅读拓展

每日科普｜充电器不拔会耗电吗

有些人习惯将充电器一直插在插座上，以做到随时使用。但是你有没有想过，充电器一直插在插座上一天大约会耗多少电呢？

首先要知道，变压器有变压作用。变压就是先把高压转换成低压，然后输给电器，也就是手机。而充电器的变压原理就是电磁感应。变压器中有一个线圈会与电源相接，在电流通过时产生磁场，产生不同电压下的交流电，再通过整流电路等过程变换成直流电给手机充电。

一般来说，在插座上不拔且未连接到电器的充电器，都是处于空载状态，由于空载时同样有电流通过，充电器就会耗电。因此，只要不拔充电器，就会有一个线圈一直在工作，从而消耗电力。

那充电器一天大约消耗多少电呢？

曾经有人进行过实验，一个未被拔掉的充电器，会在 24 h 内耗电 0.07 度，每度电按 0.5 元收费，那么 1 年就要多交 12.77 元电费。虽然这个数字看起来不多，但是积少成多，如果是 1 亿人、10 亿人都不拔充电器，那么这一年又会消耗多少电呢？

学习资源

电机与拖动基础

宋志伟："双师型"人才
勇闯智造"无人区"

李伏玉：甘做港口
设备守护者

学生工作页

《电工工艺与技术训练》学生工作页

学习章节	单元五 机床电气与拖动技术认知	学时	10
学习目标： 1. 了解三相异步电动机的结构及工作原理。 2. 了解常见的低压电器的分类和发展方向。 3. 了解单相异步电动机的工作原理。 4. 了解常见主令电器、控制电器、保护电器的结构和使用原则。 5. 掌握单相异步电动机的启动方法。 6. 熟悉电动机的常见控制电路安装			
学习内容			岗位要求
1. 学习单相异步电动机的工作原理。 2. 学习单相异步电动机的启动方法。 3. 学习三相异步电动机的结构组成。 4. 学习三相异步电动机磁场的含义和工作原理。 5. 了解常见的低压电器的分类和发展方向。 6. 了解常见低压电器、控制电器、保护电器的结构和使用原则。 7. 学习机床电气控制系统的常用电路			了解单相异步电动机的工作原理，掌握单相异步电动机的启动方法，掌握单相异步电动机的常见控制电路；了解三相异步电动机的结构组成，了解三相异步电动机的工作原理；了解常见的低压电器的分类和发展方向，了解常见低压电器、控制电器、保护电器的结构和使用原则；掌握三相异步电动机的点动、连续运转控制电路，掌握三相异步电动机的正反转控制电路，掌握三相异步电动机的降压启动控制电路，了解三相异步电动机的制动控制电路
学习记录			易错点
知识拓展及参考文献			[1] 潘少平，樊柱. 双伺服同步拖动系统的分析与应用 [J]. 金属加工（冷加工），2017（7）：52-53. [2] 吝涛. 浅谈机床电力拖动系统软件稳定控制方法设计研究 [J]. 数字技术与应用，2014（6）：183. [3] 党文，罗文耀，侯亮，等. 大型龙门机床主轴箱改进设计 [J]. 金属加工（冷加工），2013（24）：77-78. [4] 唐中燕. 基于单片机的交流电机软启动器及其在机床电力拖动中的应用 [J]. 机床电器，2004（6）：40-41. [5] 刘永超，王怀颖. 机床电力拖动脉冲宽度调制技术的研究 [J]. 机床与液压，2004（1）：78-80+118.
总结评价			

单元六 电气控制图认知

学习目标

知识目标
(1) 了解电气控制图样的相关规定、电气图分类、特点及符号。
(2) 学习电气图的特点和绘制要求,掌握机床电气原理图阅读方法。
(3) 了解机床电气控制电路故障的一般分析方法。

技能目标
(1) 能够读懂典型电气原理图和接线图,会根据电气原理图画出接线图。
(2) 学会一般电气设备的拆装。
(3) 掌握电工盘内布线、接线及查线的操作技能。

素质目标
(1) 培养敢于坚持真理、勇于创新的科学态度和科学精神。
(2) 培养实践能力和实事求是的求知精神。
(3) 增强团队合作意识和协作能力。

知识导入

电气控制识图是指通过电气图对机电系统进行分析、识别及调试的过程。电气控制识图是一项重要的电气工程技能。它包括电路的设计、安装和操作,并能帮助工程师和技术人员找出电路中的错误和问题。

总之,电气控制识图作为一项重要的电气工程技能,在机电系统的设计、安装和操作中发挥着极其重要的作用。它的应用能够提高工程效率、降低成本、提高设备安全性和优化设备的工作效率。

本单元将主要针对以下内容展开介绍。

(1) 图形符号的含义:用于图样或其他文件,以表示一个设备或概念的图形、标记或字符。图形符号是通过书写、绘制、印刷或其他方法产生的可视图形,能以简明易懂的方式传递信息。它是一种表示一个实物或概念,并可提供有关条件、相关性及动作信息的工业语言。

(2) 电气设备用图形符号是完全区别于电气图用图形符号的另一类符号。它主要适用于各种类型的电气设备或电气设备部件,使操作人员了解其用途和操作方法,也可用于安装或移动电气设备的场合,诸如禁止、警告、规定或限制等应注意的事项。

（3）机床电气原理图一般由主电路、控制电路、照明电路、指示电路等组成。

（4）X62W卧式万能铣床有两种运动：主运动——主轴带动铣刀的旋转运动；进给运动——加工中工作台或进给箱带动工件的移动，以及圆工作台的旋转运动（工件相对铣刀的移动）。主运动和进给运动设有比例调速要求，主轴与工作台单独运动。为操作方便，两处的控制台上都应能控制各部件的启停。

模块 6.1　电气控制图识读

6.1.1　模块目标

（1）了解电气控制图样的相关规定。
（2）了解电气图的分类、特点及符号。

6.1.2　模块内容

电气控制图主要包括电气原理图和电气安装图。在电气控制系统中，为了表达系统的设计意图，并且准确地分析、安装、调试和检修，电气控制图是必不可少的。熟练绘制与识读电气控制图是维修电工的一项基本技能。

6.1.3　必备知识

6.1.3.1　电气图定义

电气图是指用电气图形符号、带注释的围框或简化外形表示电气系统或设备中各组成部分之间相互关系及其连接关系的一种图，广义地说是表明两个或两个以上变量之间关系的曲线，用以说明系统、成套装置或设备中各组成部分的相互关系或连接关系，包括用以提供工作参数的表格、文字等。

6.1.3.2　电气图分类

1. 系统图或框图

系统图或框图是指用符号或带注释的框，概略表示系统或分系统的基本组成、相互关系及其主要特征的一种简图，如图6-1-1、图6-1-2、图6-1-3所示。

2. 电路图

电路图是指用图形符号按工作顺序排列，详细表示电路、设备或成套装置的全部组成和连接关系，而不考虑其实际位置的一种简图，如图6-1-4所示。其目的是便于理解作用原理，以及分析和计算电路特性。

3. 接线图或接线表

接线图或接线表是指表示成套装置、设备或装置的连接关系，用以进行接线和检查的一种简图或表格，如图6-1-5所示。

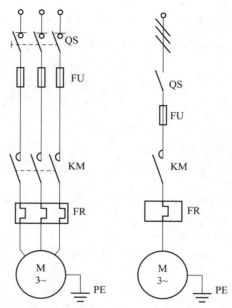

图6-1-1 电动机供电系统图

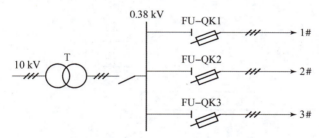

图6-1-2 某变电所供电系统图

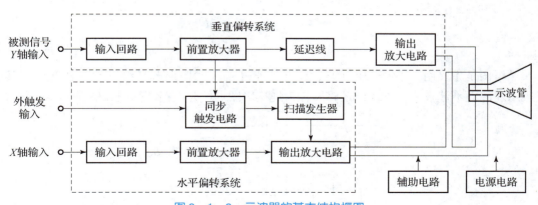

图6-1-3 示波器的基本结构框图

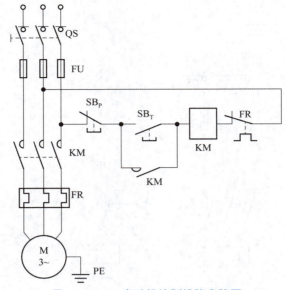

图 6-1-4 电动机控制线路电路图

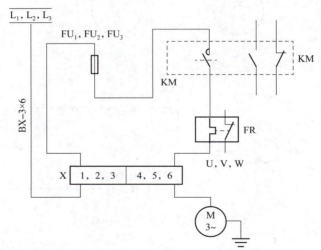

图 6-1-5 电动机控制线路接线图

4. 逻辑图

逻辑图是主要用二进制逻辑（与、或、异或等）单元图形符号绘制的一种简图，其中只表示功能而不涉及实现方法的逻辑图称为纯逻辑图。组合电路逻辑图如图 6-1-6 所示。

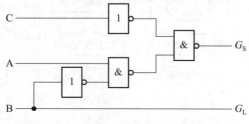

图 6-1-6 组合电路逻辑图

5. 功能表图

功能表图是指表示控制系统的作用和状态的一种图。

6. 等效电路图

等效电路图是指表示理论的或理想的元件（如 R，L，C）及其连接关系的一种功能图。

7. 简图或位置图

简图是指表示成套装置、设备或装置中各个项目的位置的一种图（也称位置图）。它是用图形符号绘制的图，用来表示一个区域或一个建筑物内成套电气装置中的元件位置和连接布线。

8. 设备元件表

设备元件表是指把成套装置、设备和装置中各组成部分和相应数据列成表格，用以呈现各组成部分的名称、型号、规格和数量等，见 6 – 1 – 1。

表 6 – 1 – 1　控制线路元件明细

代号	元件名称	型号	规格	件数	用途
M	三相异步电动机	JS2 – 4	7 kW，1 440 r/min	1	驱动生产机械
KM	交流接触器	CJ20 – 20	380 V，20 A	1	控制电动机
FR	热继电器	JR16 – 20/3	热元件电流 14.5 A	1	电动机过载保护
SB_T	常开按钮开关	LA4 – 22K	5 A	1	电动机启动按钮
SB_P	常闭按钮开关	LA4 – 22K	5 A	1	电动机停止按钮
QS	刀开关	HZ10 – 25/3	500 V，25 A	1	电源总开关
FU	熔断器	RL1 – 15	500 V 配 4 A 熔芯	3	主电路保险

上述电气图是常用的电气图。但对于较为复杂的成套装置或设备，为了便于制造，可用有局部的大样图、印制电路板图等来表示。而为了装置的技术保密，往往厂家只给出装置或系统的功能图、流程图、逻辑图等。所以虽然电气图种类很多，但这并不意味着所有的电气设备或装置都应具备这些图纸。根据表达的对象、目的和用途不同，所需图的种类和数量也不一样。对于简单的装置，所需图纸可把电路图和接线图合二为一；对于复杂装置或设备，所需图纸则应分解为几个系统，每个系统也有以上各种类型图。总之，电气图作为一种工程语言，在表达清楚的前提下，越简单越好。

6.1.3.3　电气图用图形符号

1. 图形符号的含义

图形符号是指用于图样或其他文件以表示一个设备或概念的图形、标记或字符。图形符号是通过书写、绘制、印刷或其他方法产生的可视图形，是一种以简明易懂的方式来传递一种信息、表示一个实物或概念，并可提供有关条件、相关性及动作信息的工业语言。

2. 图形符号的组成

图形符号由一般符号、符号要素、限定符号等组成。

（1）一般符号：通常表示一类产品或此类产品的一种很简单的符号。

（2）符号要素：具有确定意义的简单图形，必须同其他图形组合才能构成一个设备或概念的完整符号。

（3）限定符号：用以提供附加信息的一种加在其他符号上的符号。限定符号一般不能单独使用，但一般符号有时也可用作限定符号。以三相电机图形符号为例，如图6－1－7所示。

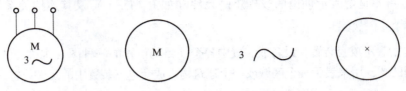

三相交流电机图形符号　　电机一般符号　　三相交流限定符号　　装置符号要素

图6－1－7　三相电机图形符号

3. 图形符号的分类

（1）导线和连接器件：各种导线、接线端子和导线的连接、连接器件、电缆附件等，见表6－1－2。

表6－1－2　导线和连接器件

名称	图形符号	文字符号①		说明
		新国标 （GB/T 5094.2—2018 GB/T 20939—2007）	旧国标 （GB 7159—1987）	
导线	⟋⟋⟋ 3	WD	W	连线、连接、连线组示例；导线、电缆、通路；三根导线示例。例如，用单线表线时，导线的数目可用相同数量的短斜线或一个加导线的数字
	⦶			屏蔽导线
	∿			绞合导线
端子	·	XD	X	连接、连接点
	∘			端子
	水平画法 ⊖			装置端子
	垂直画法 ⌽			
	⊖			连接孔端子

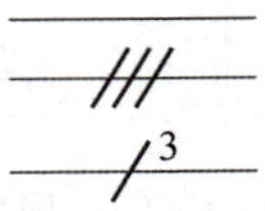

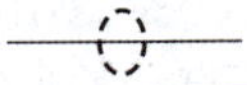

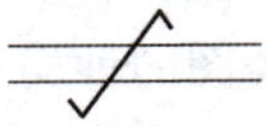

---

① 表6－1－2～表6－1－7为新旧国标文字符号对比，由于新国标文字符号的体系不太完善，目前行业大部分还采用旧国标中的文字符号，本书前述章节，也多采用旧国标的文字符号，学习过程中注意区分，后期尽量使用新国标文字符号。

（2）无源元件：包括电阻器、电容器、电感器等，见表 6–1–3。

表 6–1–3　无源元件

名称	图形符号	文字符号		说明
		新国标 （GB/T 5094.2—2018 GB/T 20939—2007）	旧国标 （GB 7159—1987）	
电阻	 ─▭─	RA	R	电阻器一般符号
	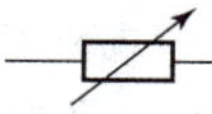 ─▱─			可调电阻器
	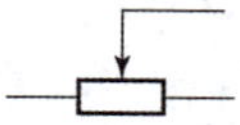 ─▱─			带滑动触点的电位器
	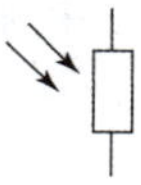 ─▱─			光敏电阻
电感	 ～～～	RA	L	电感器、线圈、绕组、扼流圈
电容	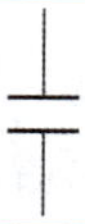 ─┤├─	CA	C	电容器一般符号

（3）半导体管和电子管：包括二极管、三极管、晶闸管、电子管、辐射探测器等，见表 6–1–4。

表 6–1–4　半导体管和电子管

名称	图形符号	文字符号		说明
		新国标 （GB/T 5094.2—2018 GB/T 20939—2007）	旧国标 （GB 7159—1987）	
二极管	─▷|─	RA	V	半导体二极管一般符号
光电二极管	─▷|─			光电二极管

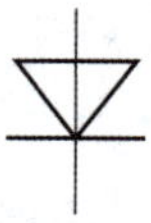

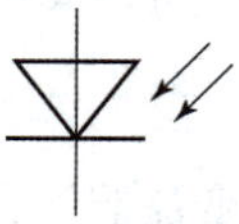

续表

名称	图形符号	文字符号 新国标（GB/T 5094.2—2018 GB/T 20939—2007）	文字符号 旧国标（GB 7159—1987）	说明
发光二极管		VD	VL	发光二极管一般符号
三极闸流晶体管		QA	VR	反向阻断三极闸流晶体管，P 型控制极（阴极侧受控）
				逆导三极闸流晶体管，N 型控制极（阳极侧受控）
				逆导三极闸流晶体管，P 型控制极（阴极侧受控）
				双向三极闸流晶体管
三极管		KF	VT	PNP 晶体管
				NPN 晶体管
光敏三极管			V	光敏三极管（PNP 型）
光电耦合器				光电耦合器 光隔离器

（4）电能的发生和转换：包括绕组、发电机、电动机、变压器、变流器等，见表 6-1-5。

表 6-1-5　电能的发生和转换元件

名称	图形符号	文字符号		说明
		新国标 （GB/T 5094.2—2018 GB/T 20939—2007）	旧国标 （GB 7159—1987）	
电动机	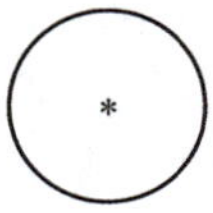 ⊛	MA 电动机	M	电动机的一般符号。 符号内的星号"＊"用下述字母之一代替：C—同步变流机；G—发电动机；GS—同步发电动机；M—电动机；MG—能够作为发电动机或电动机使用的电动机；MS—同步电动机
		GA 发电机	G	
	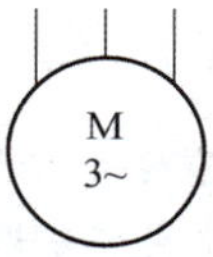 M 3~	MA	MA	三相鼠笼式异步电动机
	M	MA	M	步进电动机
	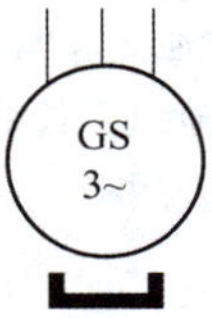 GS 3~	MA	MV	三相永磁同步交流电动机
双绕组变压器	样式1 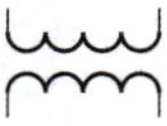	TA	T	双绕组变压器 画出铁芯
	样式2 	TA	T	双绕组变压器
自耦变压器	样式1 	TA	TA	自耦变压器
	样式2 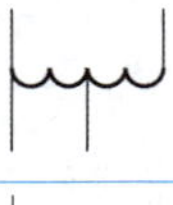	TA	TA	
电抗器		RA	L	扼流圈 电抗器

141

续表

名称	图形符号		文字符号		说明
			新国标 （GB/T 5094.2—2018 GB/T 20939—2007）	旧国标 （GB 7159—1987）	
电流 互感器	样式1		BC	TA	电流互感器
	样式2				
电压 互感器	样式1		VT	TV	电压互感器 仪用互感器
	样式2				
发生器	G		GF	GS	电能发生器一般符号 信号发生器一般符号 波形发生器一般符号
	G				脉冲发生器
蓄电池			GB	GB	原电池、蓄电池，原电池 或蓄电池组，长线代表阳极， 短线代表阴极
					光电池
整流器			TB	U	整流器
					桥式全波整流器
变频器			TA	GF	变频器 频率由 f_1 变到 f_2，f_1 和 f_2 可用输入和输出频率数值 代替

（5）开关、控制和保护装置：包括触点（触头）、开关、开关装置、控制装置、电动机启动器、继电器、熔断器、间隙、避雷器等，见表6-1-6。

表6-1-6　开关、控制和保护装置

名称	图形符号	文字符号 新国标（GB/T 5094.2—2018 GB/T 20939—2007）	文字符号 旧国标（GB 7159—1987）	说明
触点		KA KM KT KI KV 等	KA KM KT KI KV 等	动合（常开）触点，也可做开关的一般符号
				动断（常闭）触点
延时动作触点		KF	KT	当操作器件被吸合时，延时闭合的动合触点
				当操作器件被释放时，延时断开的动合触点
				当操作器件被吸合时，延时断开的动断触点
				当操作器件被释放时，延时闭合的动断触点
控制开关	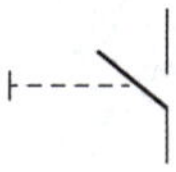	SF	S	手动操作开关一般符号
			SB	具有动合触点且自动复位的手动按钮开关
	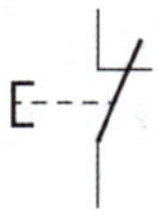			具有动断触点且自动复位的手动按钮开关
			SA	具有动合触点自动复位的手动拉拔开关

143

续表

名称	图形符号	文字符号 新国标（GB/T 5094.2—2018 GB/T 20939—2007）	文字符号 旧国标（GB 7159—1987）	说明
控制开关		SF	SA	具有动合触点但无自动复位的旋转开关
控制开关		SF	SK	钥匙动合开关
控制开关		SF	SK	钥匙动断开关
位置开关		BG	SQ	位置开关、动合触点
位置开关		BG	SQ	位置开关、动断触点
电力开关器件		QA	KM	接触器的主动合触点（在非动作位置触点断开）
电力开关器件		QA	KM	接触器的主动断触点（在非动作位置触点闭合）
电力开关器件		QA	QF	断路器
电力开关器件		QB	QS	隔离器
电力开关器件		QB	QS	三极隔离开关
电力开关器件		QB	QS	隔合开关 负荷隔离开关
电力开关器件		QB	QS	包含由内装的量度继电器或脱扣器触发的自动释放功能的负荷隔离开关

续表

名称	图形符号	文字符号 新国标（GB/T 5094.2—2018 GB/T 20939—2007）	文字符号 旧国标（GB 7159—1987）	说明
开关及触点		BG	SQQ	接近开关
			SF	液位开关
		BS	KS	速度继电器触点
		BB	FR	热继电器常闭触点
		BT	ST	带有动合触点的热敏自动开关
				带有动断触点的热敏自动开关
		BP	SP	压力控制开关（当压力大于设定值时，动作）
		KF	SSR	静态继电器
			SP	光电开关
熔断器		FC	FU	熔断器式开关
熔断器开关		FC	QKF	熔断器开关
				熔断器式隔离器

（6）测量仪表、灯和信号器件：包括指示、计算和记录的仪表，热电偶、遥测装置、电钟、传感器、灯、喇叭和电铃等，见表6-1-7。

表6-1-7 测量仪表、灯和信号器件

名称	图形符号	文字符号		说明
		新国标 （GB/T 5094.2—2018 GB/T 20939—2007）	旧国标 （GB 7159—1987）	
指示仪表	Ⓥ	PG	PV	电压表
	↑		PA	检流计
灯、信号器件	⊗	EA 照明灯	EL	灯的一般符号，信号灯的一般符号
		PF 指示灯	HL	
	⊗	PF	HL	闪光型信号灯
	⌒	PJ	HA	电铃
	⌣		HZ	蜂鸣器

4. 常用图形符号应用的说明

（1）所有的图形符号均按照无电压、无外力作用的正常状态示出。

（2）在图形符号中，某些设备元件有多个图形符号，有优选形、其他形，形式1、形式2等。选用符号的原则：尽可能采用优选形；在满足需要的前提下，尽量采用最简单的形式；在同一图号的图中使用同一种形式。

（3）符号的大小和图线的宽度一般不影响符号的含义。在有些情况下，为了强调某些方面或者为了便于补充信息，又或者为了区别不同的用途，图形符号的使用允许采用不同大小的符号和不同宽度的图线。

（4）为了保持图面的清晰，避免导线弯折或交叉，在不致引起误解的情况下，图形符号可以被旋转或成镜像放置，但此时图形符号的文字标注和指示方向都不得倒置。

（5）图形符号一般都画有引线，但在绝大多数情况下引线位置仅用作示例，在不改变符号含义的原则下，引线可取不同的方向。若引线符号的位置影响到符号的含义，则不能随意改变，否则会引起歧义。

（6）在《电气简图用图形符号》（GB/T 4728）系列的标准中比较完整地列出了符号要素、限定符号和一般符号，但其中的组合符号是有限的。若某些特定装置或概念的图形符号在标准中未列出，则允许通过已规定的一般符号、限定符号和符号要素适当组合，派生出新的符号。

（7）符号绘制：电气图用图形符号是按网格绘制出来的，但是网格没有随符号标示。

6.1.3.4 电气设备用图形符号

（1）电气设备用图形符号是完全区别于电气图用图形符号的另一类符号，见表6－1－8。它主要适用于各种类型的电气设备或电气设备部件的表示，使操作人员了解其用途和操作方法，也可用于安装或移动电气设备的场合，如禁止、警告、规定或限制等注意事项。

表6－1－8　电气设备用图形符号

序号	图形	名称	应用范围
1	———	直流电	用于各种设备，标志在只适用于直流电的设备铭牌上，还用以表示通直流电的端子
2	∼	交流电	用于各种设备，标志在只适用于交流电的设备铭牌上，还用以表示通交流电的端子
3	≂	交直流通用	用于各种设备，标志在交、直流两用的铭牌上，还用以表示通交、直流电的端子
4	＋	正号；正极	用于各种设备，表示使用或产生直流电的设备的正端。 注：图形符号的含义随其位置而定。此符号不能用于可旋转的控制装置正
5	－	负号；负极	用于各种设备，表示使用或产生直流电的设备的负端。 注：图形符号的含义随其位置而定。此符号不能用于可旋转的控制装置负
6		交流/直流变换器； 整流器； 电源代用器	用于各种设备，表示交流/直流变换器本身。在有插接装置的情况下表示有关插座
7		直流/交流 变换器	用于各种设备，表示直流/交流变换器及其相应的接线端和控制装置
8		整流器的 一般符号	用于各种设备，表示整流设备及其相关的接线端子和控制器
9		变压器	用于各种设备，表示电气设备可通过变压器与电力线连接的开关、控制器、连接器或端子，同样可用于变压器的包封或外壳上（如插接装置）

续表

序号	图形	名称	应用范围
10		熔断器	用于各种设备，表示熔断器盒及其位置
11		测试电压	用于各种电器和电子设备，表示该设备能够承受 500 V 的测试电压。 注：测试电压的其他数值可以按照有关标准在符号中用一个数字表示
12		危险电压	用于各种设备，表示危险电压引起的危险。 注：本符号可与《安全色》（GB 2893—2008）、《安全标志及其使用导则》（GB 2894—2008）所规定的警戒符号的颜色结合使用
13		接地	用于各种设备，一般用来表示接地端子
14		保护接地	用于各种设备，表示在发生故障时防止电击与外保护导体相连接的端子或与保护接地电极相连接的端子
15		接机壳、接机架	用于各种设备，表示连接机壳、机架的端子
16		信号地端	用于各种设备，表示最接近地电位或机壳电位的信号端电压
17		等电位	用于各种设备，表示那些相互连接的使设备或系统的各部分达到相同电位的端子，但这并不一定是接地电位，如局部互连线。 注：电位值可标在标号旁边
18		输出	用于各种设备，在需要区别输入和输出的场合表示输出端
19		输入	用于各种设备，在需要区别输入和输出的场合表示输入端
20		过压保护装置	用于各种设备，表示一种具有过压保护的设备，如雷电过电压

续表

序号	图形	名称	应用范围
21		无线	用于无线电接收及发射设备，表示连接天线的端子，除专门说明天线类型之外，一般使用此符号
22		通（电源）	用于各种设备，表示已接通电源，必须标在电源开关或开关的位置，以及与安全有关的地方。 注：图形符号的含义随其位置而定
23		断（电源）	用于各种设备，表示已断开电源，必须标在电源开关或开关的位置，以及与安全有关的地方。 注：图形符号的含义随其位置而定
24		等待	用于各种设备，指明设备的一部分已接通（合闸），而使设备处于准备使用状态的开关或开关位置
25		通/断 （按下保持锁定）	用于各种设备，表示与电源接通或断开，必须标在电源开关或电源开关的位置，以及与安全有关的地方。接通或断开都是稳定位置
26		通/断 （瞬时按钮）	用于各种设备，表示与电源接通，必须标在电源开关或开关的位置，以及与安全有关的地方。断开是稳定位置，只有当按下按钮时，才保持在接通位置
27		启动、开始 （动作）	用于各种设备，表示启动按钮
28		停机 （动作的停止）	用于各种设备，表示停止动作的按钮
29		暂停、 中断	用于各种设备，表示与正在连续运转的驱动机械脱离连接，使（如磁带）运转中断的按钮
30	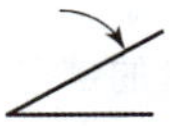	脚踏开关	用于各种设备，表示与脚踏开关相连接的输入端
31		手持开关	用于各种设备，表示与手持开关有关的控制或连接点

149

续表

序号	图形	名称	应用范围
32	◇	快速启动	用于各种设备，表示如加工、程序控制、磁带等启动，不需要很多时间就可以达到工作速率的控制。 注：特别适合与序号 27 的符号用在同一设备上
33	▽	快速停止	用于各种设备，表示如加工、程序控制、磁带等短时间立即停止控制。 注：特别适合与序号 28 的符号用在同一设备上
34	⋁	调到最小	用于各种设备，表示将量值调到最小值的控制，如"零"控制或电桥平衡，消除无用信号、仪表、指示器等的最小偏差等
35	⋀	调到最大	用于各种设备，表示将量值调到最大值的控制，如仪表、指示器等的调谐和最大偏差等
36	⊸	电源插头	用于各种设备，表示电源（总线）的连接件（如插头或软线）或表示连接件的存放位置
37	→	单向运动	用于各种设备，表示控制动作或被控制物沿着所指的方向运动。 注：由于表示旋转运动箭头的半径随有关控制器的直径而定，因此，只给出表示直线运动的图形
38	↔	双向运动	用于各种设备，表示控制动作或被控制物可按标出的方向做双向运动
39	⊢↔⊣	双向局限运动	用于各种设备，表示某个控制动作或被控制物按标出的方向在一定限度内运动。 注：由于表示旋转运动箭头的半径随有关控制器的直径而定，因此，只给出表示直线运动的图形
40	△	小心，烫伤	用于各种设备，表示所标出的部分可能是烫的，不要随意触摸
41	⌂	不得用于住宅区	用于电子设备，表示标注有本符号的电子产品（如工作时产生无线电干扰的设备）不宜用在住宅区

续表

序号	图形	名称	应用范围
42		铃	用于控制铃的开关（按钮），如门铃
43		精致易碎的物品	用于各种洗碗机，表示选择开关的有关位置
44		常速运转	用于各种设备（除盒式磁带录音机外），表示按所指方向以正常速度运转的启动按钮或开关
45		快速运转	用于各种设备（除盒式磁带录音机处），表示在所指方向运转速度比正常速度快的开关或开关位置
46		灯、照明、照明设备	用于各种设备，表示控制照明光源的开关。如室内的照明，电影机、幻灯机或设备表盘的照明灯等
47		暗室照明	用于各种设备，当需要与符号46相区别时，用本符号表示暗室照明的控制，如暗室用具
48		间接照明	用于各种设备，当需要与符号46相区别时，用本符号表示间接照明的控制
49		信号灯	用于各种设备，表示接通或断开信号灯的控制
50		喇叭（报警用）	用于控制喇叭的开关，如厂用喇叭、音响报警信号
51		扬声器	用于各种设备，表示连接扬声器的插座、接线端或开关
52		耳机	用于各种设备，表示连接耳机的插座、接线端或开关
53		通风机（鼓风帆、风扇等）	用于各种设备，表示操纵通风机的开关或控制装置，如电影机或幻灯机上的风扇、室内风扇

（2）电气设备用图形符号的用途：识别、限定、说明、命令、警告、指示。

（3）设备用图形符号须按一定比例绘制。图形符号的含义明确，图形简单、清晰，易于理解，易于辨认和识别。

6.1.3.5　电气技术中的文字符号

（1）电气技术中的文字符号分基本文字符号和辅助文字符号。基本文字符号又分单字母符号和双字母符号。

（2）单字母符号：用拉丁字母将各种电气设备、装置和元器件划分为二十三大类，每大类用一个专用单字母符号表示，如 R 为电阻器，Q 为电力电路的开关器件等。

（3）双字母符号：表示种类的单字母与另一字母组成，其组合形式以单字母符号在前，另一个字母在后的次序列出。双字母符号中的另一个字母通常选用该类设备、装置和元器件的英文名词的首位字母，或常用缩略语，又或用约定俗成的习惯字母。

（4）辅助文字符号：表示电气设备、装置和元器件及线路的功能、状态和特征，通常也是由英文单词的前一两个字母构成。它一般放在基本文字符号后边，构成组合文字符号。

（5）补充文字符号的原则。

①在不违背前面所述原则的基础上，补充文字符号可采用国际标准中规定的电气技术文字符号。

②在优先采用规定的单字母符号、双字母符号和辅助文字符号的前提下，使用人员可补充有关的双字母符号和辅助文字符号。

③文字符号应按有关电气名词术语国家标准或专业标准中规定的英文术语缩写而成。同一设备若有几种名称时，应选用其中一个名称。当设备名称、功能、状态或特征为一个英文单词时，一般采用该单词的第一位字母构成文字符号，需要时也可用前两位字母，或前两个音节的首位字母，又或采用常用缩略语或约定俗成的习惯用法构成。当设备名称、功能、状态或特征为两个或三个英文单词时，一般采用该两个或三个英文单词的第一位字母，也可采用常用缩略语或约定俗成的习惯用法构成文字符号。

④因 I，O 易与 1 和 0 混淆，因此，不允许单独作为文字符号使用。

6.1.4 学习评价

评价项目	评价内容	分值/分	自评	互评	师评
职业素养（50分）	劳动纪律，职业道德	10			
	积极参加任务活动，按时完成工作任务	10			
	团队合作，交流沟通能力良好，能够合理处理合作中的问题和冲突	10			
	爱岗敬业，具有安全意识、责任意识、服从意识	10			
	能够用专业的语言正确、流利地展示成果	10			
专业能力（50分）	专业资料检索能力	10			
	了解电气控制图样的相关规定	10			
	了解电气图分类、特点及符号	10			
	能够识读电气控制系统图	10			
	能够绘制电气控制系统图	10			
总计	好（86~100 分），较好（70~85 分），一般（<70 分）	100			

6.1.5 复习与思考

1. 判断题。

（　　）读图的基本步骤有：图样说明，看电路图，看安装接线图。

2. 选择题。

（1）（　　）是可编程控制器使用较广的编程方式。

A. 功能表图　　　　B. 梯形图　　　　C. 位置图　　　　D. 逻辑图

（2）PLC（　　）阶段把逻辑解读的结果，通过输出部件输出给现场的受控元件。

A. 输出采样　　　　B. 输入采样　　　　C. 程序执行　　　　D. 输出刷新

3. 简答题。

（1）主轴电动机正转、反转为什么用倒顺开关？能否用接触器来代替？

（2）主轴电动机的功率为多少？应该用多大容量的接触器来控制？

（3）总熔断器 FU1 如何选择？

（4）变压器 TA 的变比为多少？用直流电压挡测量时为多少伏？为什么？

（5）整流器 TB 的作用是什么？用交流电压挡测量时会出现什么现象？

模块 6.2　机床电气控制电路故障分析

6.2.1　模块目标

（1）了解电气控制图样的特点及绘制要求。

（2）了解机床电气控制电路故障的一般分析方法。

（3）掌握阅读机床电气原理图的方法。

6.2.2　模块内容

（1）学习电气图的特点和绘制要求。

（2）分析机床电气控制电路故障的原因。

6.2.3　必备知识

6.2.3.1　电气图的特点

（1）电气图的作用：阐述电路的工作原理，描述产品的构成和功能，是提供安装和使用信息的重要工具和手段。

（2）简图是电气图的主要表达方式，是用图形符号、带注释的围框或简化外形表示系统或设备中各组成部分之间相互关系及其连接关系的一种图。

（3）元件和连接线是电气图的主要表达内容。一个电路通常由电源、开关设备、用电设备和连接线 4 个部分组成。如果将电源设备、开关设备和用电设备看成元件，则电路由元件与连接线组成,或者说各种元件按照一定的次序用连接线连接起来就构成一个电路。

(4) 图形符号、文字符号(或项目代号)是电气图的主要组成部分。一个电气系统或一种电气装置由各种元件组成,在主要以简图形式表达的电气图中,无论是表示构成、表示功能,还是表示电气接线等,通常都用简单的图形符号。

(5) 能量流、信息流、逻辑流、功能流的不同描述构成了电气图的多样性。一个电气系统中,各种电气设备和装置之间,在不同角度、不同侧面存在着不同的关系。

①能量流——电能的流向和传递。

②信息流——信号的流向和传递。

③逻辑流——相互间的逻辑关系。

④功能流——相互间的功能关系。

6.2.3.2 电气控制原理图的绘制要求

1. 常用生产机械电气控制原理图的绘制原则

(1) 原理图中所有电器触头均按没有通电或没有外力作用时的状态绘制,位置开关均按挡块碰撞前的状态绘制。

(2) 原理图中电源电路、主电路、控制电路和信号电路应分开绘制。

(3) 电源电路绘制成水平线,相序 L1、L2、L3 由上而下排列,中性线 N 和保护地线 PE 放在相线之下。

(4) 为了便于检修线路和阅读原理图,整张图样的图面应被划分成若干区域,称为绘图区。绘图区编号一般用阿拉伯数字写在图框下部和方框内。

(5) 原理图中每个电路的用途,必须用文字标明在用途栏内,用途栏一般以方框形式放在图的上部。

(6) 原理图中每个接触器、继电器的线圈与受它控制的触头的从属关系应用下述方法表示。

①在每个接触器线圈的文字符号 KM 的下面画两条竖直线,分成左、中、右三栏,把受它控制而动作的触头所处的图区号数字按表 6-2-1 规定的内容填上,备用而未用的触头在相应的表栏中用记号"×"标出。

表 6-2-1 接触器线圈文字符号

左栏	中栏	右栏
主触头所处图区号	辅助常开(动合)触头所处图区号	辅助常闭(动断)触头所处图区号

②在每个继电器线圈的文字符号下面画上一条竖直线,分成左、右两栏,把受它控制而动作的触头所处的图区号数字,按表 6-2-2 规定的内容填上。同样,备用而未用的触头在相应的栏中用记号"×"标出。

表 6-2-2 继电器线圈文字符号

左栏	右栏
常开(动合)触头所处图区号	常闭(动断)触头所处图区号

③图样上每个触头的文字符号下面的数字为它的动作线圈所处的图区号。

2. 在电气控制线路的原理图中，对控制线路、信号电路和使用控制变压器的要求

（1）电路图除具有 5 个以上电磁线圈或电路外还具有控制器件和仪表的线路，必须采用分离绕组的变压器给控制电路和信号电路供电。当控制电路和信号电路通过变压器供电时，变压器二次侧的一根线应保护接地，而另一根线应通过熔断器接到各电气元件上。

（2）由变压器供电的交流控制电路副边的电压值为 24 V 或 48 V（50 Hz）。

触头外露在空气中的电路，由于电压过低而使电路工作不可靠，则可采用 48 V 或更高的电压，如 110 V（优先采用）、220 V（50 Hz）交流电压。

（3）电磁线圈在 5 个以下的控制线路部分可以直接接到电源上。这种控制电路的电压值可以不作规定，由电源电压而定。

（4）直流控制电路的电压值为 24 V、48 V、110 V 和 220 V。

（5）由于大型设备的线路较长，串联的触头多、压降大，因此，大型设备不宜使用 24 V 或 48 V 交流电压。

（6）关于信号电路电压，当采用独立的信号电路时（与控制电路不连接的信号电路），电路电压为交流或直流 6 V 或 24 V（优先采用）电压，对应的灯泡为 6~8 V 或 24~28 V；当采用独立的内装式变压器时，灯泡应为 6 V（优先采用）或 24 V，在此情况下，可把信号电路与控制电路连接。

6.2.3.3　如何阅读机床电气原理图

掌握阅读原理图的方法和技巧，对于分析电气电路、排除机床电路故障是十分有意义的。机床电气原理图一般由主电路、控制电路、照明电路、指示电路等组成。阅读方法如下。

1. 主电路的分析

阅读主电路时，关键是先了解主电路中有哪些用电设备，各自所起的作用，由哪些电器来控制，采取哪些保护措施。

2. 控制电路的分析

阅读控制电路时，根据主电路中接触器的主触点编号，可以很快找到相应的线圈及控制电路，依次分析出电路的控制功能。从简单到复杂，从局部到整体，最后综合起来分析，就可以全面读懂控制电路。

3. 照明电路的分析

阅读照明电路时，需要查看变压器的变比、灯泡的额定电压。

4. 指示电路的分析

阅读指示电路时，很重要的一点是，当电路正常工作时，指示电路为机床正常工作状态的指示；当机床出现故障时，指示电路可以反馈机床故障信息。

6.2.3.4 机床电气控制电路故障的一般分析方法

1. 修理前的调查研究

1)问

询问机床操作人员,了解故障发生前后的情况,有利于根据电气设备的工作原理来判断发生故障的部位,分析发生故障的原因。

2)看

观察熔断器内的熔体是否熔断,其他电气元件有无烧毁、发热、断线,导线连接螺钉是否松动,触点是否氧化、积尘等。要特别注意高电压、大电流的地方,活动机会多的部位,容易受潮的接插件等。

3)听

电动机、变压器、接触器正常运行的声音和发生故障时的声音是有区别的,听声音是否正常,可以帮助寻找发生故障的范围和部位。

4)摸

电动机、电磁线圈、变压器等发生故障时,温度会显著上升,可切断电源后用手去触摸,从而判断元件是否正常。

注意:不论电路通电还是断电,要特别注意不能用手直接去触摸金属触点,必须借助仪表来测量。

2. 从机床电气原理图进行分析

首先熟悉机床的电气控制电路,结合故障现象对电路工作原理进行分析,便可以迅速判断出故障发生的可能范围。检查方法如下。

根据故障现象分析,先弄清该故障属于主电路的故障还是控制电路的故障,属于电动机的故障还是控制设备的故障。当故障确认以后,应该进一步检查电动机或控制设备。必要时可采用替代法,即用好的电动机或控制设备来替代有故障的电动机或控制设备。属于控制电路的故障时,应该先进行一般的外观检查,检查控制电路的电气元件,如接触器、继电器、熔断器等有无裂纹、烧痕、接线脱落,熔体是否熔断等,同时用万用表检查线圈有无断线、烧毁,触点是否熔焊。

外观检查找不到故障时,应在将电动机从电路中卸下后,再对控制电路逐步检查。通过通电吸合试验,观察机床各电气元件是否按要求顺序动作,哪部分动作被检查出问题,就在那部分找故障点。这种方法可以逐步缩小故障范围,直到全部故障排除为止,决不能留下隐患。

有些电气元件的动作是由机械配合或靠液压推动的,应同机床维修人员一同进行检查处理。

3. 无电路原理图时的检查方法

首先,查清不动作的电动机工作电路。在不通电的情况下,以该电动机的接线盒为起点开始查找,顺着电源线找到相应的控制接触器。然后,以此接触器为核心,一路从主触点开始,继续查到三相电源,查清主电路。另一路从接触器线圈的两个接线端子开始向外延伸,查看经过什么电器,弄清控制电路的来龙去脉。必要的时候,边查找边画出草图。当电路需拆卸时，要记录拆卸的顺序、电器结构等，再采取排除故障的措施。

4. 在检修机床电气故障时应注意的问题

（1）检修前应将机床清理干净。

（2）将机床电源断开。

（3）电动机不能转动时，要从电动机有无通电，控制电动机的接触器是否吸合入手，决不能立即拆修电动机。通电检查时，一定要先排除短路故障，在确认无短路故障后方可通电，否则，会造成更大的事故。

（4）当需要更换熔断器的熔体时，选择的熔体型号必须与原熔体型号相同，不得随意扩大，以免造成意外的事故或留下更大的隐患。熔体的熔断，说明电路存在较大的冲击电流，如短路、严重过载、电压波动很大等。

（5）热继电器的动作、烧毁，也要求先查明过载原因，不然的话，故障还是会复发。并且修复后的热继电器一定要按技术要求重新整定保护值，并要进行可靠性试验，以免失控。

（6）用万用表电阻挡测量触点、导线通断时，量程置于"×1 Ω"挡。

（7）如果要用兆欧表检测电路的绝缘电阻，则应断开被测支路与其他支路的联系，避免影响测量结果。

（8）在拆卸元件及端子的连线时，特别是对不熟悉的机床，一定要仔细观察，厘清控制电路，千万不能蛮干。要及时做好记录、标号，方便复原。螺钉、垫片等放在盒子里，被拆下的线头要做好绝缘包扎，以免造成人为的事故。

（9）试车前先检测电路是否存在短路现象。在正常的情况下进行试车，应当注意人身及设备安全。

（10）机床故障排除后，机床线路一切要恢复到原来的样子。

6.2.4 学习评价

评价项目	评价内容	分值/分	自评	互评	师评
职业素养 （50分）	劳动纪律，职业道德	10			
	积极参加任务活动，按时完成工作任务	10			
	团队合作，交流沟通能力良好，能够合理处理合作中的问题和冲突	10			
	爱岗敬业，具有安全意识、责任意识、服从意识	10			
	能够用专业的语言正确、流利地展示成果	10			
专业能力 （50分）	专业资料检索能力	10			
	了解电气控制图样的特点及绘制要求	10			
	了解机床电气控制电路故障的一般分析方法	10			
	掌握阅读机床电气原理图的方法	10			
	能够分析机床电气控制电路的故障原因	10			
总计	好（86~100分），较好（70~85分），一般（<70分）	100			

6.2.5 复习与思考

1. 填空题。

机床电气原理图一般由_____、_____、_____、_____等组成。

2. 简答题。

（1）当接触器 KM1 的主触点更换后，为了方便观察触点通断，是否可以不安装灭弧罩就通电试车？

（2）按下 SB1 或 SB2，工作都正常；按下 SB3 或 SB4 时，KM2 吸合，但设备快速移动不正常的故障原因是什么？

（3）接触器 KM1 主触点熔焊，会产生什么后果？

（4）电动机缺相后，能否在通电情况下检查电路故障？

（5）交流接触器在运行中噪声大的原因是什么？

阅读拓展

樊海洋——传承工匠精神培养技工人才

樊海洋从 2008 年至今一直担任黑龙江技师学院电气工程系教师。红烛在心，孕育桃李，16 年来，在平凡的岗位上他传承着工匠精神、培养了一批又一批的技工人才。

记者见到樊海洋时，他正在机电一体化专业班里上课。实操环节练习接电线时，有的学生会缺乏耐心，樊海洋一边示范一边给他的学生们讲道："作为一名技术工人，你接的每一根线都反映出你干活时的心境，反映出你的工作态度。你们以后将成为技术工人，我希望你们有对技术工作的热爱，有认真钻研的精神，有踏实肯干能吃苦的韧性。"

对于技工人才的培养，樊海洋认为，技工人才除了要具备过硬的专业技术能力外，更重要的是要有工匠精神。作为培养技工人才的老师，他也要在这方面下功夫，在教授专业知识的同时，加强对学生工匠精神的培养。这个学期他教了 3 个班，学生总共 70 人。"在教学过程中我感觉到，现在的学生们都很聪明，接受新知识的速度也比较快，可是他们认真钻研的心思少了一些，所以在实际教学中，我会经常以实践启发学生，鼓励他们去参加一些专业技能比赛，加深他们对工匠精神的认识。"樊海洋说。

为了提高技能水平，增加学生对技能比赛的热情，樊海洋身体力行，带领学生参加过很多次技能类的比赛。在 2018 年第八届黑龙江省数控技能大赛上，樊海洋参加的项目是数控机床装调维修，负责电气控制部分。这种技能类的比赛需要手脑并用，赛前需要对画图和接线的准确性和速度进行充分的训练并达到最佳状态。同时还要对自己使用的工具进行仔细的检查和调校，以免在比赛过程中出现问题。最终樊海洋以出色的表现取得了数控机床装调维修工教师组第二名。他在实操练习方面指导过的学生也在多种技能比赛中取得了优异的名次。

在平时的授课中，樊海洋致力于加强授课方式的创新，让学生尽可能扎实、高效地学到知识。他与同事们共同研究，寻求更多更好的教学方法。他参与编写了《电力拖动控制线路安装与检修》《照明线路安装与检修》等教材，还参加过一体化教学改革试点工作和数字化资源录制工作。"未来，我会保持一如既往的钻研精神，努力巩固和提升自己的学科理论水平，在大量电气技术实操中积累经验，提升创新能力，培养更多的技工人才。"樊海洋说。

学习资源

识读电气控制电路图

电气原理图、布局图、接线图的识读与转化

电气控制电路图的识读

学生工作页

《电工工艺与技术训练》学生工作页

学习章节	单元六 电气控制图认知	学时	10
学习目标： 1. 了解电气控制图样的相关规定、电气图分类、特点及符号。 2. 学习电气图的特点和绘制要求，掌握机床电气原理图阅读方法。 3. 了解机床电气控制电路故障的一般分析方法。 4. 能够读懂典型电气原理图和接线图，会根据电气原理图画出接线图。 5. 学会一般电气设备的拆装。 6. 掌握电工盘内布线、接线及查线的操作技能			
学习内容		岗位要求	
1. 学习电气图的定义、分类。 2. 学习电气图用图形符号、电气设备用图形符号和电气技术中的文字符号。 3. 学会分析、绘制与识读电气控制系统图，并了解电气控制图的设计意图。 4. 学习电气图的特点和绘制要求。 5. 分析机床电气控制电路故障的原因		了解电气控制图样的相关规定，了解电气图分类、特点及符号；了解电气控制图样的特点及绘制要求，了解机床电气控制电路故障的一般分析方法，掌握阅读机床电气原理图的方法	
学习记录			易错点
知识拓展及参考文献			[1] 孟佳. 浅谈思维导图在"机床电气与 PLC 控制"课程教学中的应用 [J]. 包头职业技术学院学报，2021，22（2）：47－50. [2] 秦国防. 利用 CAXA 电子图板绘制电气控制图的技巧 [J]. 湖北农机化，2020（8）：157－158. [3] 周胜广. 串并联思想在电气控制线路中的应用 [J]. 现代职业教育，2020（5）：226－227. [4] 龚书娟，杨世钊. 基于 PLC 的运料小车电气控制设计 [J]. 轻工科技，2019（11）：67－68. [5] 潘爱民. 如何阅读继电－接触器的控制原理图 [J]. 电气传动自动化，2018，40（4）：45－46. [6] 徐艳. 基于电气控制的设计发展与实践应用 [J]. 通信电源技术，2018，35（2）：149－150. [7] 黄海健. 电气控制柜设计与施工探讨 [J]. 居舍，2017（32）：132.
总结评价			

单元七　设备常见电气故障处理认知

学习目标

知识目标
(1) 掌握机床电气设备的诊断方法。
(2) 掌握常用机床电气控制的工作原理。
(3) 掌握常见电气故障的诊断步骤、方法。

技能目标
(1) 学会分析常用电气控制电路。
(2) 学会查找常见电气故障原因。
(3) 能够排除常用机床电气控制故障。

素质目标
(1) 增强故障排查意识。
(2) 培养实践能力和实事求是的求知精神。
(3) 培养严谨认真、精益求精的工匠精神。

知识导入

任何一个企事业单位中，电工都是不可或缺的。电工一定要非常熟悉电路维修知识，才能够准确、及时地判断出电力系统会发生的故障，并且能够依照具体状况对问题和难题进行灵活处理。

本单元主要介绍故障的分类、故障产生的主要原因、三相异步电动机及主要电气设备疑难故障原因分析、电气设备常见故障的诊断方法及部分电气设备故障的诊断维修案例。

(1) 机床电气设备常见的故障分类：人为故障、自然故障。
(2) 电气设备发生故障主要原因：电气设备的绝缘老化、外部条件导致电器工作异常、电器选用和安装错误。电工要注意多了解电器的具体情况，如使用时间和使用环境，注意观察，迅速判断。
(3) 三相异步电动机常见故障：三相异步电动机单相运行、定子绕组短路、定子绕组接地、电动机过热。
(4) 电气故障检修的一般步骤：观察和调查故障现象，分析故障原因（初步确定故障范围），缩小故障范围，确定故障的部位（判断故障点）。

（5）电气故障检修技巧：熟悉电路原理，确定检修方案；先机损，后电路；先简单，后复杂；先检修通病，后治疑难杂症；先外部调试，后内部处理；先不通电测量，后通电测试；先公用电路，后专用电路。

（6）电气故障检修的一般方法：直观法、替换法等。每种设备、每个时期、每个品牌的电气系统经常出现的相似的故障现象，维修人员要多了解平行单位的设备维修情况、设备厂家的各种信息，以利于检修。

在完成上述工作的过程中，实践经验的积累起着重要的作用。设备成功维修后维修人员要总结经验、提高效率，这样才能把自己培养成为检修电气故障的行家里手。

模块 7.1　故障分类及原因分析

7.1.1　模块目标

（1）了解机床电气设备常见的故障分类。
（2）了解电气设备发生故障的主要原因。

7.1.2　模块内容

（1）学习故障的种类。
（2）分析故障产生的原因。

7.1.3　必备知识

7.1.3.1　机床电气设备常见的故障分类

按故障产生原因，可以分为以下两类。

（1）人为故障：机床在工作过程中，由于操作人员的操作不当、安装不合理或其他外力破坏而造成的故障。

（2）自然故障：机床在正常运行过程中，其电气设备要承受许多不利因素的影响而产生的故障。

7.1.3.2　电气设备发生故障主要原因

1. 电气设备的绝缘老化

电气设备在长期的使用过程中，绝缘材料老化导致的故障占了相当大的比例，如图7-1-1所示。塑料、橡胶、竹、木、布、绝缘漆等材料会逐渐老化，导致绝缘性能下降，漏电电流增大，而漏电电流增大会导致电器工作温度升高，促使绝缘老化进一步加快。酸性、碱性、粉尘等外部条件也会对绝缘的性能有负面影响。绝缘材料的逐渐失效很容易导致其他故障。

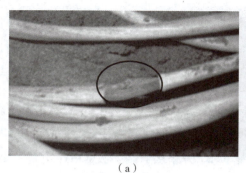 

（a） （b）

图 7-1-1 绝缘材料老化

2. 外部条件导致电器工作异常

外部条件对电器工作影响很大。电压偏高会导致电器超载运行，电压过低会导致电器无法启动，负载过大会导致交流电动机抱死过流，环境温度过高会导致电器散热不良、外部提供电流相序错乱，三相不平衡会导致交流电动机工作异常。在电气设备修理时，外部条件导致故障的不利因素要首先进行排除。

3. 电器选用和安装的错误

导线、交流接触器、热继电器等元件的选用要经过合理的运算，这些元件的安装要严格遵守相关规定。选用不合理的元件或元件安装失误都会导致严重后果。

7.1.4 学习评价

评价项目	评价内容	分值/分	自评	互评	师评
职业素养 （50分）	劳动纪律，职业道德	10			
	积极参加任务活动，按时完成工作任务	10			
	团队合作，交流沟通能力良好，能够合理处理合作中的问题和冲突	10			
	爱岗敬业，具有安全意识、责任意识、服从意识	10			
	能够用专业的语言正确、流利地展示成果	10			
专业能力 （50分）	专业资料检索能力	10			
	了解机床电气设备常见的故障分类	10			
	了解电气设备发生故障的主要原因	10			
	能够辨别故障的种类	10			
	能够分析故障产生的原因	10			
总计	好（86~100分），较好（70~85分），一般（<70分）	100			

7.1.5 复习与思考

1. 填空题。

机床电气设备常见的故障分类：_____、_____。

2. 选择题。

接通主电源后，软启动器虽处于待机状态，但电动机有"嗡嗡"声。导致此故障不可能的原因是（　　）。

  A. 晶闸管短路故障　　　　　　　　　　B. 旁路接触器有触点粘连
  C. 触发电路不工作　　　　　　　　　　D. 启动线路接线错误

3. 简答题。

（1）结合所接触的电气故障，分析电器发生故障的原因。

（2）三相异步电动机缺相运行有什么现象？会导致什么严重后果？

模块 7.2　电气设备常见故障分析

7.2.1　模块目标

（1）了解三相异步电动机常见故障及故障产生的原因。

（2）了解几种主要电气设备故障及故障产生的原因。

7.2.2　模块内容

（1）学习三相异步电动机的常见故障。

（2）分析几种主要电气设备故障产生的原因。

7.2.3　必备知识

7.2.3.1　三相异步电动机的常见故障及故障产生的原因分析

三相异步电动机是企业应用最广、使用最多的大功率电气设备。三相异步电动机常见故障有以下几种。

1. 三相异步电动机单相运行

电气拖动系统中热继电器常用作过载保护与单相保护，以防止异步电动机单相运行。由于热继电器不能准确整定动作值，因此，三相异步电动机单相运行的故障经常发生，使电动机过热或烧坏。这种故障产生的原因可从电动机故障和主电路不正常两方面分析。电动机电枢绕组发生一相断路、引出线断裂或接线螺钉松动时，都会引起异步电动机单相运行或V形三相运行。

从主电路来看，熔断器烧断时电源缺相或主接触器触头接触不良，都将使电动机接通单相电源。

运转着的三相异步电动机有一相断电时，电动机并不停车。一般来说，三相异步电动机单相运行时只能承担额定负载的 60%~70%，所以若热继电器失灵或整定不准，则电动机将在单相过载运行，时间稍长将使电动机发热严重。单相运行故障表现为定子三相电流严重不平衡，运行声音异常，电动机显得没有"力气"，电动机停车后再接通电源时，不能启动并发出"嗡嗡"声。

在维护保养时，应认真检查和调整热继电器的整定值，使电动机在单相运行时起到过载保护的作用；在巡视时应监视电动机的温升和运转的声音是否正常，以便及时发现单相运行故障；经常检查启动柜中主电路接触器的触头。当电器动作时，三相触头应能可靠接触。发生故障时可用万用表检查单相运行故障。

2. 定子绕组短路

异步电动机定子绕组短路有相间短路和匝间短路两种，故障测试线路如图 7-2-1 所示。

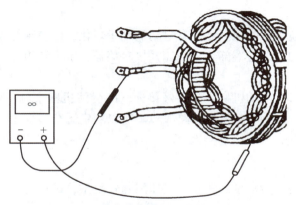

图 7-2-1　定子绕组短路故障测试线路

1）定子绕组相间短路

正常的三相异步电动机任意两相间的绝缘电阻应不低于 0.5 MΩ。当相间绝缘电阻为零或接近零时，表明相间绝缘损坏，发生了相间短路故障。

三相异步电动机发生相间短路的原因如下。

（1）电动机绕组严重过热，尤其在井下环境（运行时发热、停车时吸潮）严重受潮时，会导致定子绕组相间绝缘薄弱而产生电击穿。

（2）双层绕组的电动机，其中一些槽的上、下层边分属于两相绕组，可能会因层间绝缘薄弱而产生电击穿。相间短路故障表现为电动机运行声音不正常、定子电流不平衡、保护电器动作或熔断器烧断，甚至绕组烧坏。

2）定子绕组匝间短路

三相异步电动机定子绕组匝间短路是指在某相绕组的线圈中线匝与线匝之间发生的短路。这种短路是由于线圈中导线表皮绝缘损坏，相邻的导体互相接触而造成的。

匝间短路在刚开始时，可能只有两根导线因交叠处绝缘磨坏而接触。由于匝间短路产生环流，因此，线圈迅速发热，进一步损坏邻近导线的绝缘，使短路的匝数不断增多，故障范围扩大。短路匝数足够多时，会使熔断器烧断，甚至绕组烧焦、冒烟。

当三相绕组有一相发生匝间短路时，相当于该相绕组匝数减少，定子三相电流就不平衡。不平衡的三相电流使电动机振动，同时发出不正常的声音，电动机平均转矩显著下降，拖动负载时就显得无力。

产生匝间短路的原因如下。

（1）在解体保养电动机时，由于操作不当，碰伤绕组端部绝缘，导致导线内的导体互相接触。

（2）电动机长时间超负荷运行，电动机过热而使线圈局部较为薄弱的绝缘损坏，导致匝间短路。

（3）定子接线时，个别导线在槽内交叠。长期运行后，由于电磁力的作用，交叉处的绝缘损坏而发展成匝间短路。用外观检查或短路侦察器可确定短路位置。

3. 定子绕组接地故障

定子绕组导体与铁芯之间绝缘电阻为零或接近零时，即认为电动机发生了定子绕组接地故障。

发生定子绕组接地故障的原因主要有电动机绝缘老化，失去绝缘性能；定子槽口处绝缘破损，导体与铁芯接触；绕组端部绝缘损坏并接触端盖；定子绕组引出电缆绝缘破损而与外壳接触等。

定子绕组接地后，若电动机机座未很好接地，则会使机座带电，威胁操作人员的安全。定子绕组多点接地时，电动机会发生短路故障。所以当定子绕组发生一点接地后，必须认真检查及时排除。用兆欧表可以检查接地故障。

4. 电动机过热，超过允许温度

异步电动机过热是较为常见的故障，其原因比较复杂，可从电源、电动机、控制线路和负载等方面分析。

（1）电源电压过高时，磁通将增大，电动机磁路出现饱和，这时定子电流剧烈增加，使电动机温升提高。电源电压过低时，若负载转矩不变，则磁通减少必然导致转子电流增大，这时定子电流同时增大，电动机温升提高。

（2）电源电压三相不对称。三相异步电动机需在三相对称电压下工作，电动机的三相电压不对称度应小于额定电压的5%。当三相电压数值相差较大时，异步电动机的定子三相电流不平衡，在额定负载下，会导致其中一相绕组电流超过额定值，并使该相绕组过热，导致出现异步电动机定子绕组局部过热的故障。

（3）控制线路。若控制线路维护不良，触头接触不好，则电动机单相运行也会使电动机电流增大。有些设备的拖动电动机有刹车装置，刹车装置动作配合不好，电动机堵转严重，将使电动机过热。另外，电动机每小时启动次数过多，或电动机超额定负载运行对定子发热都有影响。

（4）负载原因。电动机长时间在过载状态下运行而保护装置又不可靠，不能及时动作，使电动机定子电流超过额定值；电动机与被拖动的机械连接不好、齿轮箱有污物或联轴器偏心等导致电动机空载损耗增大；电动机承受不应有的冲击负荷；由于负荷的故障，导致电动机堵转等。

(5) 电动机本身故障。电动机的定子绕组有短路、接地或其中一相断线；修理后的电动机定子绕组接线错误；电动机转子断条、端环开焊；电动机散热有障碍，如风扇损坏、风道堵塞、表面污垢过多等；机械方面装配不良、转轴弯曲变形、轴承损坏、定转子相擦等。

7.2.3.2 几种主要电气设备故障及故障产生的原因分析

电气设备可能有很多种故障现象产生，而任何一种电气故障又都有可能是一种或几种原因造成的，也就是说，多种原因可能导致相同的故障现象。

1. 热继电器故障及其原因分析

故障现象一：用电设备操作正常，但是热继电器频繁动作，或电气设备烧毁而热继电器不动作。

原因分析：（1）热继电器可调整部件的固定支钉松动，调整值不在原整定点上；（2）热继电器通过了巨大的短路电流后，双金属元件已产生永久变形；（3）热继电器久未检验，灰尘堆积，生锈，动作机构卡住、磨损，胶木零件变形等；（4）热继电器可调整部件损坏（常规原因是热继电器外接线螺钉未拧紧）；（5）热继电器整定电流值偏低且频繁动作；（6）热继电器整定电流值过高，起不到保护作用。

故障现象二：热继电器动作时快时慢。

原因分析：（1）热继电器内部机构有部件松动；（2）热继电器在检修中使双金属片弯折；（3）外接线螺钉未拧紧。

2. 自动开关故障及其原因分析

故障现象一：电动操作自动开关，触头不能闭合。

原因分析：（1）电磁铁拉杆行程不够；（2）电动机操作定位开关失灵；（3）控制器中整流管或电容器损坏。

故障现象二：手动操作自动开关，触头不能闭合。

原因分析：（1）失压脱扣器无电压或线圈烧坏；（2）储能弹簧变形或断裂，导致闭合力减小或不闭合；（3）反作用弹簧力过大；（4）机构不能复位脱扣。

故障现象三：自动开关温升太高。

原因分析：（1）触头压力过低；（2）两个导电件连接螺钉松动；（3）触头表面过分烧损或接触不良。

故障现象四：失压脱扣器有噪声。

原因分析：（1）反作用弹簧力太大；（2）铁芯工作面有油污；（3）短路环断裂。

3. 交流接触器故障及其原因分析

故障现象一：交流接触器不能闭合。

原因分析：（1）交流接触器控制线圈电压不足，导致没有足够力量闭合；（2）交流接触器控制回路故障，控制线圈无电流；（3）交流接触器机械结构卡死。

故障现象二：交流接触器不能分断。

原因分析：（1）交流接触器触头胶结；（2）交流接触器机械结构卡死；（3）控制回路故障；（4）弹簧复位机构失效。

故障现象三：交流接触器温升太高。
原因分析：（1）交流接触器选用错误，过载运行；（2）交流接触器触头烧蚀，电阻增大；（3）交流接触器控制线圈有匝间短路；（4）交流接触器绝缘老化，导致漏电流增加。
故障现象四：交流接触器噪声较大，存在振动。
原因分析：（1）交流接触器短路环断裂；（2）交流接触器铁芯松动。

4. 熔断器故障及其原因分析

故障现象一：熔断器频繁熔断。
原因分析：（1）熔断器选用不当；（2）负载过载运行；（3）工作温度较高。
故障现象二：熔断器不能分断。
原因分析：熔断器选用不当。

7.2.4 学习评价

评价项目	评价内容	分值/分	自评	互评	师评
职业素养（50分）	劳动纪律，职业道德	10			
	积极参加任务活动，按时完成工作任务	10			
	团队合作，交流沟通能力良好，能够合理处理合作中的问题和冲突	10			
	爱岗敬业，具有安全意识、责任意识、服从意识	10			
	能够用专业的语言正确、流利地展示成果	10			
专业能力（50分）	专业资料检索能力	10			
	了解三相异步电动机的常见故障及故障产生的原因	10			
	了解几种主要电气设备的故障及故障产生的原因	10			
	能够辨别三相异步电动机的常见故障	10			
	能够分析几种主要电气设备故障产生的原因	10			
总计	好（86~100分），较好（70~85分），一般（<70分）	100			

7.2.5 复习与思考

1. 填空题。
三相异步电动机常见故障：_____、_____、_____、_____。
2. 简答题。
（1）电力变压器温度异常，可能是什么故障？应如何处理？
（2）熔断器熔断，立刻更换是否合理？
（3）在检修故障时，为什么要先机损，后电路？
（4）为什么替换法是其他方法不可取代的一种维修方法？

模块 7.3　电气设备常见故障诊断

7.3.1　模块目标

（1）了解电气故障检修的一般步骤。
（2）了解几种主要电气设备疑难故障及故障产生的原因。
（3）了解电气故障检修的一般方法。

7.3.2　模块内容

（1）学习电气故障检修的步骤和方法。
（2）分析几种主要电气设备疑难故障产生的原因。

7.3.3　必备知识

7.3.3.1　电气故障检修的一般步骤

（1）观察和调查故障现象。电气故障现象是多种多样的，例如，同一类故障可能有不同的故障现象，不同类故障可能有同种故障现象，这种故障现象的同一性和多样性，使查找故障具有复杂性。但是，故障现象是检修电气故障的基本依据，是电气故障检修的起点，因而要对故障现象进行仔细观察、分析，找出故障现象中最主要的、最典型的方面，搞清故障发生的时间、地点、环境等。

（2）分析故障原因，初步确定故障范围、缩小故障部位。根据故障现象分析故障原因是电气故障检修的关键。分析的基础是电工电子基本理论，是对电气设备的构造、原理、性能的充分理解，是电工电子基本理论与实际的结合。某一电气故障产生的原因可能很多，重要的是在众多原因中找出最主要的原因。

（3）确定故障的部位，判断故障点。确定故障部位是电气故障检修的最终目的和结果。确定故障部位可理解成确定设备的故障点，如短路点、损坏的元器件等，也可理解成确定某些运行参数的异常，如电压波动、三相不平衡等。确定故障部位是在对故障现象进行周密考察和细致分析的基础上进行的。在这一过程中，往往要采用下面将要介绍的多种手段和方法。

在完成上述工作的过程中，实践经验的积累起着重要的作用。

7.3.3.2　电气故障检修技巧

（1）熟悉电路原理，确定检修方案。当一台设备的电气系统发生故障时，不要急于动手拆卸。首先要了解该电气设备产生故障的现象、经过、范围及原因。熟悉该设备电气系统的基本工作原理，分析各个具体电路，弄清电路中各级之间的相互联系，以及信号在电路中的来龙去脉，结合实际经验，经过周密思考，确定一个科学的检修方案。

（2）先机损，后电路。电气设备都以电气—机械原理为基础，特别是机电一体化的先进设备，机械和电子在功能上有机结合，是同一个整体的两个部分。往往机械部件出现故障，影响电气系统，许多电气部件的功能就不起作用，因此不要被表面现象迷惑，电气系统出现故障并不全部都是电器本身的问题，有可能是机械部件发生故障所造成的。因此先检修机械系统所产生的故障，再排除电气部分的故障，往往会收到事半功倍的效果。

（3）先简单，后复杂。检修故障要先采用最简单易行、自己最拿手的方法去处理，再使用复杂、精确的方法。排除故障时，先排除直观、显而易见、简单常见的故障，后排除难度较高、没有处理过的疑难故障。

（4）先检修通病，后治疑难杂症。电气设备经常产生的相同类型的故障就是通病。由于通病比较常见，维修人员积累的经验较丰富，因此可快速排除故障。这样维修人员就可以集中精力和时间排除疑难杂症，简化步骤，缩小范围，提高检修速度。

（5）先外部调试，后内部处理。外部是指暴露在电气设备外、完整密封件外部的各种开关、按钮、插口及指示灯。内部是指电气设备外壳或密封件内部的印制电路板、元器件及各种连接导线。先外部调试，后内部处理，就是在不拆卸电气设备的情况下，利用电气设备面板上的开关、旋钮、按钮等调试检查，缩小故障范围。先排除外部部件引起的故障，再检修设备内的故障，尽量避免不必要的拆卸。

（6）先不通电测量，后通电测试。首先在不通电的情况下，对电气设备进行检修，然后在通电的情况下，对电气设备进行检修。对许多发生故障的电气设备进行检修时，不能立即通电，否则会人为扩大故障范围，烧毁更多的元器件，造成不应有的损失。因此，在故障设备通电前，先进行电阻测量，采取必要的措施后，方能通电检修。

（7）先公用电路，后专用电路。任何电气系统的公用电路出故障，其能量、信息就无法传送、分配到各具体专用电路，专用电路的功能就不能起作用，如一个电气设备的电源出现故障，整个系统就无法正常运转，向各种专用电路传递能量、信息就不可能实现。因此遵循先公用电路、后专用电路的顺序，就能快速、准确地排除电气设备的故障。

（8）总结经验，提高效率。电气设备出现的故障五花八门、千奇百怪。任何一台有故障的电气设备检修完成后，都应该把故障现象、产生原因、检修经过、技巧、心得记录在专用笔记本上。学习掌握各种新型电气设备的机电理论知识、熟悉其工作原理、积累维修经验，将自己的经验上升为理论。在理论的指导下，具体故障具体分析，才能准确、迅速地排除故障。只有这样才能把自己培养成为检修电气故障的行家里手。

7.3.3.3 电气故障检修的一般方法

电气故障检修，主要是理论联系实际，根据具体故障作具体分析，但也必须掌握基本的检修方法。

1. 直观法

通过"问、看、听、摸、闻"来发现异常情况，从而找出故障电路和故障所在位置。

（1）问：向现场操作人员了解故障发生前后的情况，如故障发生前是否过载、频繁启动和停止；故障发生时是否有异常声音或振动，有没有冒烟、冒火等现象。

（2）看：仔细查看各种电气元件的外观变化情况，如看触点是否烧熔、氧化，熔断器熔体熔断指示器是否跳出，热继电器是否脱扣，导线和线圈是否烧焦，热继电器整定值是否合适，瞬时动作整定电流是否符合要求等。

(3) 听：主要听有关电器在故障发生前后的声音是否有差异，如听电动机启动时是否只发出"嗡嗡"声而不转，接触器线圈得电后是否噪声很大等。

(4) 摸：故障发生后，断开电源，用手触摸或轻轻推拉导线及电器的某些部位，以察觉异常变化，如摸电动机、变压器和电磁线圈表面，感觉湿度是否过高；轻拉导线，看连接是否松动；轻推电器活动机构，看移动是否灵活等。

(5) 闻：故障出现后，断开电源，将鼻子靠近电动机、变压器、继电器、接触器、绝缘导线等处，闻闻是否有焦味，如有焦味，则表明电器绝缘层已被烧坏，其主要原因是过载、短路或三相电流严重不平衡等故障。

2. 状态分析法

发生故障时，根据电气设备所处的状态进行分析的方法，称为状态分析法。

电气设备的运行过程总可以分解成若干个连续的阶段，这些阶段也可称为状态。任何电气设备都处在一定的状态下工作，如电动机工作过程可以分解成启动、运转、正转、反转、高速、低速、制动、停止等工作状态。电气故障总是发生于某一状态，而在这一状态中，各种元件又处于什么状态，这正是分析故障的重要依据，例如，电动机启动时，哪些元件工作，哪些触点闭合等，因而检修电动机启动故障时只需注意这些元件的工作状态即可。

电气设备的状态划分得越细，对检修电气故障越有利。同一种设备或装置的零部件可能处于不同的运行状态，查找其中的电气故障时必须将各种运行状态区分清楚。状态分析法就是通过对设备或装置中各元件、部件、组件工作状态进行分析，查找电气故障。

3. 图形变换法

电气图是用来描述电气装置的构成、原理、功能，提供安装连接和使用维修信息的工具。检修电气故障，常常需要将实物和电气图对照进行。然而，电气图种类繁多，因此需要从故障检修方便的角度出发，将一种形式的图变换成另一种形式的图。其中最常用的方法是将设备布置接线图变换成电路图，将集中式布置电路图变换成分开式布置电路图。

设备布置接线图是一种按设备大致形状和相对位置绘制的图，这种图主要用于设备的安装和接线，对检修电气故障也十分有用。但从这种图上不易看出设备和装置的工作原理及工作过程，而了解其工作原理和工作过程是检修电气故障的基础，对检修电气故障是至关重要的，因此需要将设备布置接线图变换成电路图。电路图主要描述设备和装置的电气工作原理。

4. 单元分割法

一个复杂的电气装置通常是由若干个功能相对独立的单元构成的。检修电气故障时，可将这些单元分割开来，然后根据故障现象，将故障范围限制于其中一个或几个单元。这种方法称为单元分割法。经过单元分割后，查找电气故障就比较方便了。

对于目前工业生产中电气设备的故障，基本上都可以把某中间单元（环节）的元器件作为基准，向前或向后一分为二地检修电气设备的故障。在第一次一分为二地确定故障所在的前段或后段之后，仍可再一分为二地确定故障所在段。这样就能较快地找到故障发生点，有利于提高维修工作效率，达到事半功倍的效果。

5. 回路分割法

一个复杂的电路总是由若干个回路构成,每个回路都具有特定的功能。电气故障就意味着某一个或某几个功能的丧失,因此电气故障也总是发生在某一个或某几个回路中。回路被分割,实际上简化了电路,缩小了故障查找的范围。回路就是闭合的电路,它通常应包括电源和负载。分割了回路,查找故障就比较方便了。

6. 类比法和替换法

当对故障设备的特性、工作状态等不十分了解时,可采用与同类完好设备进行比较的方法,即通过与同类非故障设备的特性、工作状态等进行比较,从而确定设备故障的原因,这种方法称为类比法,例如,一个线圈是否存在匝间短路,可通过测量线圈的直流电阻来判定,但此线圈的直流电阻阻值大小却无法判别,这时可以与一个同类型且完好的线圈的直流电阻值进行比较来判别该电阻是否完好;又如,电容式单相交流异步电动机出现了不能启动的故障,单相电容式电动机由两个绕组构成,一是启动绕组,二是运转绕组,还有一个主要元件是电容器,参与电动机的启动和运转。电动机不能启动运转的最大可能性,一是电容损坏(短路或断路)或容量严重变小;二是电动机绕组损坏。由于对这一电容和电动机的具体参数一时无法查找,因此,只有借助另一种同类型或相近的电动机及电容的有关参数,对两者加以比较,才能确定故障的原因。

替换法,即用完好的电器替换可疑电器,以确定故障原因和故障部位,例如,某装置中的一个电容是否损坏(电容值变化)无法判别,可以用一个同类型的完好电容器替换。如果设备恢复正常,则故障部位就是这个电容。用于替换的电器应与原电器的规格、型号一致,且导线连接应正确、牢固,以免发生新的故障。

7. 推理分析法

推理分析法是根据电气设备出现的故障现象,由表及里,寻根溯源,层层分析和推理的方法。电气装置中各组成部分和功能都有其内在的联系,例如,连接顺序、动作顺序、电流流向、电压分配等都有其特定的规律,因而某一部件、组件、元器件的故障必然影响其他部分,并表现出特有的故障现象。在分析电气故障时,常常需要从这一故障联系到对其他部分的影响或由某一故障现象找出故障的根源。这一过程就是逻辑推理过程,即推理分析法,它又分为顺向推理法和逆向推理法。顺向推理法一般是根据故障设备,从电源、控制设备及电路,逐个分析和查找的方法。逆向推理法则采用相反的程序推理,即由故障设备倒推至控制设备及电路、电源等,从而确定故障的方法。这两种方法都是常用的方法。在某些情况下,逆向推理法要快捷一些,因为逆向推理时,只要找到了故障部位,就不必再往下查找了。

8. 电位、电压分析法

在不同的状态下,电路中各点具有不同的电位分布,因此,通过测量和分析电路中某些点的电位及其分布,就可以确定电路故障的类型和部位。

阻抗的变化造成了电流的变化,电位的变化造成了电压的变化,因此,也可采用电流分析法和电压分析法确定电路故障。

9. 测量法

测量法，即用电气仪表测量某些电参数的大小，经与正常的数值对比，来确定故障部位和故障原因。

（1）测量电压法：用万用表交流 500 V 挡测量电源电压、主电路电压、各接触器和继电器线圈电压及各控制回路两端的电压。若发现所测处电压与额定电压不相符（相差超过 10%），则所测处为故障可疑处。

（2）测量电流法：用钳形电流表或交流电流表测量主电路及有关控制回路的工作电流。若所测电流值与设计电流值不相符（相差超过 10%），则该电路为故障可疑处。

（3）测量电阻法：断开电源，用万用表欧姆挡测量有关部位的电阻值。若所测电阻值与要求的电阻值相差较大，则该部位极有可能就是故障点。一般来讲，触点接通时，电阻值趋近于 0 Ω，断开时电阻值为 ∞。导线连接牢靠时连接处的接触电阻也趋于 0 Ω，连接处松脱时，电阻值为 ∞。各种绕组（或线圈）的直流电阻值也很小，往往只有几欧至几百欧，而断开后的电阻值为 ∞。

（4）测量绝缘电阻法：断开电源，用兆欧表测量电气元件和线路对地及相间绝缘电阻值。电气元件绝缘层绝缘电阻规定不得小于 0.5 MΩ。绝缘电阻值过小，是造成相线与地、相线与相线、相线与中性线之间漏电和短路的主要原因。若发现这种情况，则应着重予以检查。

10. 简化分析法

电气回路中组成电气装置的部件、元器件虽然都是必需的，但从不同的角度去分析，总可以划分出主要的部件、元器件和次要的部件、元器件。分析电气故障就要根据具体情况，注重分析主要的、核心的、本质的部件及元器件，这种方法称为简化分析法。例如，荧光灯的并联电容器，主要用于提高荧光灯负载的功率因数，它对荧光灯的工作状态影响不大，如果分析荧光灯电路故障，则可将电容器简化，然后再进行分析；又如，某电动机正转运行正常，反转运行故障，分析这一故障时，就可将正转有关的电路控制部分删去，简化成只有反转控制的电路再进行故障分析。

11. 试探分析法（再现故障法）

在确保设备安全的情况下，可以通过一些试探的方法确定故障部位，例如，通电试探或强行使某继电器动作，以发现和确定故障的位置，即接通电源，按下启动按钮，让故障现象再次出现，找出故障所在。再现故障时，主要观察有关继电器和接触器是否按控制顺序进行工作。若发现某一个电器的工作状态不对，则说明该电器所在回路或相关回路有故障。再对此回路做进一步检查，便可发现故障原因和故障点。

12. 菜单法

菜单法，即根据故障现象和特征，将可能引起这种故障的各种原因按顺序罗列出来，然后进行验证，直到确诊出真正的故障原因和故障部位。此方法适合初学者使用。

以上方法可单用，也可合用，应根据不同的故障特点灵活掌握和运用。

对电气设备进行检修时，无论采用何种方法，一定要在对情况充分了解、确保安全的情况下进行，切不可急躁冒进。

7.3.4 学习评价

评价项目	评价内容	分值/分	自评	互评	师评
职业素养 （50分）	劳动纪律，职业道德	10			
	积极参加任务活动，按时完成工作任务	10			
	团队合作，交流沟通能力良好，能够合理处理合作中的问题和冲突	10			
	爱岗敬业，具有安全意识、责任意识、服从意识	10			
	能够用专业的语言正确、流利地展示成果	10			
专业能力 （50分）	专业资料检索能力	10			
	了解电气故障检修的一般步骤	10			
	了解几种主要电气设备疑难故障及分析故障产生的原因	10			
	了解电气故障检修的一般方法	10			
	能够分析几种主要电气设备疑难故障产生的原因	10			
总计	好（86～100分），较好（70～85分），一般（<70分）	100			

7.3.5 复习与思考

1. 填空题。

电气故障检修的一般方法包括_____、_____等。

2. 判断题。

（ ）变频器由微处理器控制，可以显示故障信息并可自动修复。

3. 选择题。

（1）C6150车床控制电路中的中间继电器KA1和KA2常闭触点故障时会造成（ ）。

  A. 主轴无制动   B. 主轴电动机不能启动

  C. 润滑油泵电动机不能启动   D. 冷却液电动机不能启动

（2）可编程控制器采用了一系列可靠性设计，如（ ）、掉电保护、故障诊断和信息保护及恢复等。

  A. 简单设计   B. 简化设计   C. 冗余设计   D. 功能设计

4. 简答题。

（1）电器发生故障，试探分析法（再现故障法）可快速发现故障所在点。对于发生故障的电器，立刻采用试探分析法是不是最好的维修方法？

（2）简述电器发生故障后的检修步骤。

模块 7.4 电气设备故障维修案例分析

7.4.1 模块目标

（1）了解几种电气设备故障的诊断维修案例。
（2）了解电气设备故障及故障产生的原因。
（3）了解电气故障检修的方法。

7.4.2 模块内容

（1）学习几种电气设备故障的诊断方法。
（2）学习几种电气设备故障的维修方法。

7.4.3 必备知识

案例1　故障现象。CQ6230 轻型车床，运行中出现电动机过热，主轴转动无力，且伴随较大的振动和噪声。

故障分析。初步检查三相电源电压正常，按照先机损后电路原则，拆下主轴电动机传动皮带，手动转动电动机，发现在转到某一特殊角度时有明显擦刮现象。打开电动机，发现电动机一端轴承严重损坏，导致转子偏心和定子铁芯相摩擦。更换轴承，并对定子铁芯修刮后重新浸漆，故障修复。

案例2　故障现象。J02 系列 5.5 kW 电动机绕组烧毁，打开后可看见同一组绕组中连在一起的几圈绕组烧焦。重绕绕组后，电动机运行不久，电动机线组很快又烧毁，且都是同一只线圈烧坏。第三次更换了烧坏的一组线圈后，监测电流。空载试机，电流 4.3 A，电动机不发热，不冒烟。在接近 1 min 时，电流迅速变大，立即停机，此时绕组已烧坏。与前几次烧坏的情况一样。

故障分析。鉴于绕组反复重绕，已可排除电动机绕组故障。从电流监测的状况来看，电动机是在正常工作一段时间后出现故障的，故障现象与缺相运行相似，很可能是供电电路中某个元件工作不良。经检查，交流接触器有一触点烧焦。对触点修整后电动机工作恢复正常。为避免再次出现类似故障，之后更换质量更好的交流接触器，电动机一直工作良好，故障排除。

案例3　故障现象。排风机电动机（110 kW）运行中突然跳闸。检查机械部分、电动机对地和相间绝缘都正常。检查断路器时发现主触头有两对烧坏，于是换上一个新的断路器（型号规格相同）。试机时，电动机启动后，断路器就冒烟，断路器主触头再次烧坏。随后分析可能是电动机匝间短路。于是，花了十多个小时，再次更换了新的电动机和断路器，断路器还是冒烟烧坏。

故障分析。更换了新的电动机和断路器，还是出现相同故障。电路中其他元件很少，且基本无故障可能。在排除了其他故障的可能性后，考虑到电动机功率大，电路正常工作中电流较大，原有断路器正常工作的时间长，应该为元件老化损坏。新换的断路器烧毁很快，可能是新买来的一批断路器存在质量问题。采用替换法，取一个旧的同型号规格的断路器装上，试机一切正常，故障排除。

案例 4 故障现象。一台数控车床出现 X 轴方向进给正常，Z 轴方向进给出现振动、噪声大、精度差，采用手动和手摇脉冲进给时也如此。

故障分析。观察各驱动板指示灯亮度及变化基本正常，疑似 Z 轴步进电动机及其引线开路或 Z 轴机械故障。遂将 Z 轴电动机引线换到 X 轴电动机上，X 轴电动机运行正常，说明 Z 轴电动机引线正常；又将 X 轴电动机引线换到 Z 轴电动机上，故障依旧；可以断定是 Z 轴电动机故障或 Z 轴机械故障。测量电动机引线，发现一相开路。更换步进电动机，故障排除。

案例 5 故障现象。一台三相水泵电动机（8 kW），运行中温升过高，表面温度接近 90 ℃。检查电压、电流均无明显偏差，三相绕组电阻、绝缘电阻均在合格值范围内。

故障分析。电动机除温升过高外，其余部分正常。排除电动机绕组过电流、电动机散热不良的可能，只有涡流过热或绕组匝间短路会导致这种现象。打开电动机，发现电动机定子铁芯由于水泵工作间潮湿的环境出现了锈蚀。将定子铁芯除锈，重新浸漆烘干，故障排除。

案例 6 故障现象。一台三相电动机（5.5 kW），运行 0.5 h 后温升过高，检查电压正常，三相供电平衡，三相绕组电阻、绝缘电阻均在合格值范围内。

故障分析。电动机除温升过高外，其余部分正常。排除电动机绕组过电流、电动机散热不良的可能，于是只有涡流过热或绕组匝间短路会导致这种现象。在电动机运行一段时间后打开电动机，触摸发现电动机定子绕组中的一个绕组发热严重。用短路侦察器检测，绕组存在匝间短路。采用穿线绕法修复该绕组，故障排除。

案例 7 故障现象。吊扇通电后反转，无风送出。

故障分析。吊扇采用的是电容运转型单相异步电动机，具有运转绕组（主绕组）与启动绕组（副绕组），电容器与启动绕组相串联，吊线控制电路如图 7-4-1 所示。

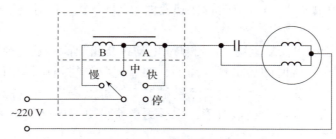

图 7-4-1 吊扇控制电路

电动机反转，说明运转绕组与启动绕组接反，错误地把运转绕组与电容器串联了。把两个绕组引出端互调，电动机恢复正转。一般吊扇电动机的运转绕组电阻值较小，启动绕组电阻值较大，如无明显标记，可先采用万用表测量电阻进行判断。

电气设备故障的原因多种多样，有时故障现象一样，但故障部位不同；有时同一故障表现为不同现象。要对故障现象充分分析，反复检测，通过使用各种方法来尽快解决问题。

7.4.4 学习评价

评价项目	评价内容	分值/分	自评	互评	师评
职业素养（50分）	劳动纪律，职业道德	10			
	积极参加任务活动，按时完成工作任务	10			
	团队合作，交流沟通能力良好，能够合理处理合作中的问题和冲突	10			
	爱岗敬业，具有安全意识、责任意识、服从意识	10			
	能够用专业的语言正确、流利地展示成果	10			
专业能力（50分）	专业资料检索能力	10			
	了解几种电气设备故障的诊断维修案例	10			
	了解电气设备故障及分析故障产生的原因	10			
	了解电气故障检修的方法	10			
	能够对电气设备故障进行诊断和维修	10			
总计	好（86~100分），较好（70~85分），一般（<70分）	100			

7.4.5 复习与思考

三相异步电动机工作中过热可能是哪几种故障？

阅读拓展

梁里鹏——矿山里的机电设备"医生"

从秦岭山区到人民大会堂需要"走"多久？

2023年全国五一劳动奖章获得者、山西西山晋兴能源有限责任公司斜沟煤矿机电科副科长兼电气服务中心主任梁里鹏给出了他的答案——13年。

6月2日，回忆起今年五一劳动节前夕在人民大会堂接受表彰的情形，梁里鹏说那是他人生的高光时刻。"我要珍惜荣誉、保持本色，继续在机电设备领域奋发实干、深入钻研。"他对记者说。

1. 因兴趣与电气自动化技术结缘

梁里鹏是80后，从小生活在电力资源紧缺的秦岭山区。他至今记得，直到上中学时，山里还总是停电。从那时起，他便对电产生了浓厚的兴趣。

"记得上小学时，我用自己攒的压岁钱，偷偷买了一台电工万用表。"梁里鹏回忆道。

大学毕业后，梁里鹏被分配到山西西山晋兴能源有限责任公司，成为斜沟煤矿机电队检修班的一名检修电工。

兴趣的驱动力是强大的。长期的学习与实践，使梁里鹏对电越发痴迷，他立志要用电气自动化技术改变煤炭的生产方式。此后13年，他扎根矿山一线，成为机电设备的"医生"。

斜沟煤矿是一座大型现代化矿井，这里云集了大量国内外先进采掘设备。不过，由于国外厂商的技术封锁，在过去很长一段时间，矿井时常因设备故障停工停产。2013年，矿井成立了以抢修设备故障为主要任务的电气服务中心，梁里鹏成为技术带头人。

为了快速进入状态，梁里鹏将矿上机电设备的图纸收集起来，仔细研究。

"我每天都会挤出两三个小时查阅词典、标注图纸，熬到凌晨是常事。"梁里鹏说。他利用半年时间研究了所有图纸，在上面写满了密密麻麻的标注。

多年来，凭借扎实的理论水平、过硬的维修技能，梁里鹏逐步崭露头角。他曾荣获国家级职业技能竞赛冠军，2013年还受邀参与国家"十二五"智能化工作面大采高液压支架及关键技术专项攻关，为该项目提出20多条改进意见，得到了设计人员的肯定。

2. 从数百行代码中找出程序缺陷

"梁工，快看看我们新研发的产品，给我们提点意见吧。"与斜沟煤矿长期合作的设备厂家相关负责人一见到梁里鹏就喜笑颜开。合作久了，梁里鹏已成了这家企业公开的技术顾问。他们之间的渊源还得从一次高压变频器设备故障说起。

2019年，斜沟煤矿从该厂家引进一台变频器，变频器时常出现间歇性故障。矿井技术人员多次将此问题反馈厂家，得到的回复却总是"设备没问题"。

"没问题，设备为何不作业？"不信邪的梁里鹏带着疑问开始了变频器控制器程序代码的研究中。

此后半个月，梁里鹏白天研究设备，拆机箱、查主板，一蹲就是一整天。下班后熬夜钻研，看图纸、查代码，厚厚的眼镜摘了又戴、戴上又摘。

功夫不负有心人，他终于从几百行代码中找出了急停程序存在的缺陷。当厂方看到梁里鹏的数据分析时惊讶不已，为他竖起了大拇指。

3. 编写矿井机电设备"维修宝典"

平日想找到梁里鹏，只需去两个地方，一个是井下现场，另一个是梁里鹏职工创新工作室（简称工作室）。

2019年，斜沟煤矿成立了工作室。多年来，梁里鹏在传帮带上花了很多心思和精力。在他看来，实现煤炭生产方式的变革，离不开高水准技术人才的助力。他利用工作室开展机电维修技能培训，累计培训员工2 400余人次。

据统计，梁里鹏共为矿井培养出了300多名高级电工，孵化出了20余项创新成果、2项实用专利，为矿井直接和间接创效1 100余万元。

"要将经验固化为理论成果，让人人都学会检修、参与检修。"梁里鹏是这么说的，也是这么做的。

近几年，梁里鹏将煤矿常见机电设备的工作原理、电气图纸、故障现象及多年抢修经验进行提炼总结，撰写出《煤矿进口采掘机械设备常见故障及处理方法》，这成为目前国内唯一讲解煤矿进口采掘机电设备故障处理方法的书籍。由他编写的《斜沟煤矿机电设备技术手册》，称为矿井机电设备的"维修宝典"。

"梁师傅的技术十分精湛，再隐蔽的故障也逃不过他的眼睛。"工作室成员于辉跟随梁里鹏学习技术多年，被他执着专注、精益求精的工匠精神所感染，逐渐成长为矿井电气维修的中坚力量。

梁里鹏表示，未来他将继续发挥模范带头作用，在现代化煤炭产业领域尽己所能，发光发热。

学习资源

检查电子电路故障的一般方法

电路故障判断

每日一星｜何成：
做电网安全的守护者

学生工作页

《电工工艺与技术训练》学生工作页

学习章节	单元七 设备常见电气故障处理认知	学时	10
学习目标： 1. 掌握机床电气设备的诊断方法。 2. 掌握常用机床电气控制的工作原理。 3. 掌握常见电气故障的诊断步骤、方法。 4. 学会分析常用电气控制电路。 5. 学会查找常见电气故障原因。 6. 能够排除常用机床电气控制故障			
学习内容		岗位要求	
1. 学习故障的种类。 2. 分析故障产生的原因。 3. 学习三相异步电动机的常见故障。 4. 分析几种主要电气设备故障产生的原因。 5. 学习电气故障检修的步骤和方法。 6. 分析几种主要电气设备疑难故障产生的原因。 7. 学习几种电气设备故障的诊断方法。 8. 学习几种电气设备故障的维修方法		了解机床电气设备常见的故障分类，了解电气设备发生故障的主要原因，了解三相异步电动机常见故障及故障产生的原因；了解几种主要电气设备故障及故障产生的原因。 　　了解电气故障检修的一般步骤，了解常见电气设备疑难故障及故障产生的原因，了解电气故障检修的一般方法；了解几种电气设备故障的诊断维修案例，了解电气设备故障及故障产生的原因，了解电气故障检修的方法	
学习记录		易错点	
知识拓展及参考文献	［1］熊芳馨. 超声诊断设备的日常维护及常见故障处理探讨［J］. 中国医疗器械信息，2023，29（24）：152－154. ［2］李哲. 煤矿井下机电设备常见故障处理及分析［J］. 能源与节能，2023（11）：168－170. ［3］郭帅. 汽轮机运行中设备维护及常见故障处理［J］. 今日制造与升级，2023（6）：74－76. ［4］林兰平. 音响设备的维护保养和常见故障处理［J］. 电声技术，2022（8）：10－12. ［5］刘春晖. 电动汽车常见故障处理方法（一）：电气设备与空调故障处理［J］. 汽车维修与保养，2019（8）：69－70. ［6］朱建华. 变电运行设备维护与常见故障处理研究［J］. 科技与创新，2017（23）：115－116. ［7］周渝江. 变电运行设备维护与常见故障处理［J］. 中国新技术新产品，2017（13）：51－52.			
总结评价			

附录 A 中级维修电工理论知识模拟试卷

一、**单项选择题**（第 1～160 题。选择一个正确的答案，将相应的字母填入题内的括号中。每题 0.5 分，满分 80 分）

1. 在市场经济条件下，职业道德具有（　　）的社会功能。
   A. 鼓励人们自由选择职业　　　　　　B. 遏制牟利最大化
   C. 促进人们的行为规范化　　　　　　D. 最大限度地克制人们对利益的追求
2. 职业道德通过（　　），起着增强企业凝聚力的作用。
   A. 协调员工之间的关系　　　　　　　B. 增加职工福利
   C. 为员工创造发展空间　　　　　　　D. 调节企业与社会的关系
3. 关于创新的正确论述是（　　）。
   A. 不墨守成规，但也不可标新立异
   B. 企业经不起折腾，大胆地闯早晚会出问题
   C. 创新是企业发展的动力
   D. 创新需要灵感，但不需要情感
4. 职业纪律是从事这一职业的员工应该共同遵守的行为准则，它包括的内容有（　　）。
   A. 交往规则　　　　　　　　　　　　B. 操作程序
   C. 群众观念　　　　　　　　　　　　D. 外事纪律
5. 严格执行安全操作规程的目的是（　　）。
   A. 限制工人的人身自由
   B. 企业领导刁难工人
   C. 保证人身和设备的安全及企业的正常生产
   D. 增强领导的权威性
6. 企业生产经营活动中，促进员工之间团结合作的措施是（　　）。
   A. 互利互惠，平均分配　　　　　　　B. 加强交流，平等对话
   C. 只要合作，不要竞争　　　　　　　D. 人心叵测，谨慎行事
7. 线性电阻与所加（　　）、流过的电流及温度无关。
   A. 功率　　　　B. 电压　　　　C. 电阻率　　　　D. 电动势
8. 全电路欧姆定律指出：电路中的电流由电源（　　）、内阻和负载电阻决定。
   A. 功率　　　　B. 电压　　　　C. 电阻　　　　　D. 电动势
9. 串联电阻的分压作用是阻值越大电压越（　　）。
   A. 小　　　　　B. 大　　　　　C. 增大　　　　　D. 减小
10. 电功率的常用单位有（　　）。

A. 焦 B. 伏安
C. 欧 D. 瓦、千瓦、毫瓦

11. 垂直穿过磁场中某一截面的磁力线条数称为（   ）。
A. 磁通或磁通量 B. 磁感应强度 C. 磁导率 D. 磁场强度

12. 在正弦交流电路中，电路的功率因数取决于（   ）。
A. 电路外加电压的大小 B. 电路各元件参数及电源频率
C. 电路的连接形式 D. 电路的电流

13. 变压器主要由（   ）和绕组两部分所组成。
A. 定子 B. 转子 C. 磁通 D. 铁芯

14. 三相异步电动机工作时，其电磁转矩是由旋转磁场与（   ）共同作用产生的。
A. 定子电流 B. 转子电流 C. 转子电压 D. 电源电压

15. 交流接触器的作用是可以（   ）接通和断开负载。
A. 频繁地 B. 偶尔 C. 手动 D. 不需

16. 点接触型二极管可工作于（   ）电路。
A. 高频 B. 低频 C. 中频 D. 全频

17. 根据仪表取得读数的方法可分为（   ）仪表。
A. 指针式 B. 数字式 C. 记录式 D. 以上都是

18. 三相异步电动机的位置控制电路中，除了用行程开关外，还可用（   ）。
A. 断路器 B. 速度继电器
C. 热继电器 D. 光电传感器

19. 三相异步电动机能耗制动时，机械能转换为电能并消耗在（   ）回路的电阻上。
A. 励磁 B. 控制 C. 定子 D. 转子

20. 钢丝钳（电工钳子）可以用来剪切（   ）。
A. 细导线 B. 玻璃管 C. 铜条 D. 水管

21. 变压器油属于（   ）。
A. 固体绝缘材料 B. 液体绝缘材料 C. 气体绝缘材料 D. 导体绝缘材料

22. 工作地点狭窄、工作人员活动困难，周围有大面积接地导体或金属构架，这种存在高度触电危险的环境及特别的场所使用的安全电压为（   ）。
A. 9 V B. 12 V C. 24 V D. 36 V

23. 下列需要每年做一次耐压试验的用具为（   ）。
A. 绝缘棒 B. 绝缘绳 C. 验电器 D. 绝缘手套

24. 在开始攻螺纹或套螺纹时，要尽量把丝锥或板牙放正。当切入（   ）圈时，再仔细观察和校正对工件的垂直度。
A. 0～1 B. 1～2 C. 2～3 D. 3～4

25. 对于每个职工来说，质量管理的主要内容包括岗位的质量要求、质量目标、质量保证措施和（   ）等。
A. 信息反馈 B. 质量水平 C. 质量记录 D. 质量责任

26. 劳动者的基本权利包括（   ）等。

A. 完成劳动任务　　　　　　　　　　　　B. 提高职业技能
C. 请假外出　　　　　　　　　　　　　　D. 提请劳动争议处理

27. 直流单臂电桥测量十几欧电阻时，比率应选（　　）。
A. 0.001　　　　B. 0.01　　　　C. 0.1　　　　D. 1

28. 直流双臂电桥的测量误差为（　　）。
A. ±2%　　　　B. ±4%　　　　C. ±5%　　　　D. ±1%

29. 直流单臂电桥测量小值电阻时，不能排除（　　），而直流双臂电桥则可以排除。
A. 接线电阻及接触电阻　　　　　　　　B. 接线电阻及桥臂电阻
C. 桥臂电阻及接触电阻　　　　　　　　D. 桥臂电阻及导线电阻

30. 低频信号发生器的输出有（　　）输出。
A. 电压、电流　　B. 电压、功率　　C. 电流、功率　　D. 电压、电阻

31. 示波器中的（　　）经过偏转板时产生偏移。
A. 电荷　　　　B. 高速电子束　　C. 电压　　　　D. 电流

32. 晶体管特性图示仪可观测（　　）特性曲线。
A. 共基极　　　B. 共集电极　　　C. 共发射极　　　D. 以上都是

33. 三端集成稳压电路 W7805，其输出电压为（　　）。
A. 5 V　　　　B. −5 V　　　　C. 7 V　　　　D. 8 V

34. 一般三端集成稳压电路工作时，要求输入电压比输出电压至少高（　　）。
A. 2 V　　　　B. 3 V　　　　C. 4 V　　　　D. 1.5 V

35. 晶闸管型号 KP20 – 8 中的 P 表示（　　）。
A. 电流　　　　B. 压力　　　　C. 普通　　　　D. 频率

36. 普通晶闸管中间 P 层的引出极是（　　）。
A. 漏极　　　　B. 阴极　　　　C. 门极　　　　D. 阳极

37. 双向晶闸管的额定电流是用（　　）来表示的。
A. 有效值　　　B. 最大值　　　C. 平均值　　　D. 最小值

38. 单结晶体管的结构中有（　　）个电极。
A. 4　　　　　B. 3　　　　　C. 2　　　　　D. 1

39. 单结晶体管两个基极的文字符号是（　　）。
A. C1，C2　　　B. D1，D2　　　C. E1，E2　　　D. B1，B2

40. 集成运放的输出级通常由（　　）构成。
A. 共射放大电路　　　　　　　　B. 共集电极放大电路
C. 共基极放大电路　　　　　　　　D. 互补对称射极放大电路

41. 理想集成运放输出电阻为（　　）。
A. 10 Ω　　　B. 100 Ω　　　C. 0 Ω　　　D. 1 kΩ

42. 固定偏置共射极放大电路，已知 $R_B = 300$ kΩ，$R_C = 4$ kΩ，$V_{CC} = 12$ V，$\beta = 50$，求 I_{CQ} 为（　　）。
A. 2 μA　　　B. 3 μA　　　C. 2 mA　　　D. 3 mA

43. 分压式偏置共射放大电路，稳定工作点效果受（　　）影响。

A. R_C B. R_B C. R_E D. U_{CC}

44. 固定偏置共射放大电路出现饱和失真,是（　　）。

A. R_B 偏小 B. R_B 偏大 C. R_C 偏小 D. R_C 偏大

45. 为了增加带负载能力,常用共集电极放大电路的（　　）特性。

A. 输入电阻大 B. 输入电阻小 C. 输出电阻大 D. 输出电阻小

46. 共射极放大电路的输出电阻与共基极放大电路的输出电阻相比（　　）。

A. 大 B. 小 C. 相等 D. 不定

47. 要稳定输出电压,减少电路输入电阻应选用（　　）负反馈。

A. 电压串联 B. 电压并联 C. 电流串联 D. 电流并联

48. （　　）可以作为集成运放的输入级。

A. 共射放大电路 B. 共集电极放大电路 C. 共基放大电路 D. 差分放大电路

49. 下列不是集成运放的非线性应用的是（　　）。

A. 过零比较器 B. 滞回比较器 C. 积分应用 D. 比较器

50. 音频集成功率放大器的电源电压一般为（　　）。

A. 5 V B. 10 V C. 5～8 V D. 6 V

51. RC 选频振荡电路发生谐振时,选频电路的幅值为（　　）。

A. 2 B. 1 C. 1/2 D. 1/3

52. LC 选频振荡电路的频率高于谐振频率时,电路性质为（　　）。

A. 电阻性 B. 感性 C. 容性 D. 纯电容性

53. 串联型稳压电路的取样电路与负载的关系为（　　）连接。

A. 串联 B. 并联 C. 混联 D. Y

54. 下列不属于基本逻辑门电路的是（　　）。

A. 与门 B. 或门 C. 非门 D. 与非门

55. 单相半波可控整流电路电阻性负载,（　　）的移相范围是 0°～180°。

A. 整流角 θ B. 控制角 α C. 补偿角 θ D. 逆变角 β

56. 单相半波可控整流电路的电源电压为 220 V,晶闸管的额定电压要留两倍余量,则需选购（　　）的晶闸管。

A. 250 V B. 300 V C. 500 V D. 700 V

57. 单相桥式可控整流电路中,控制角 α 越大,输出电压 U_d（　　）。

A. 越大 B. 越小 C. 为零 D. 为负

58. （　　）触发电路输出尖脉冲。

A. 交流变频 B. 脉冲变压器 C. 集成 D. 单结晶体管

59. 晶闸管两端并联压敏电阻的目的是（　　）。

A. 防止冲击电流 B. 防止冲击电压 C. 过流保护 D. 过压保护

60. 中间继电器的选用依据是控制电路的电压等级、（　　）、所需触点的数量和容量等。

A. 电流类型 B. 短路电流 C. 阻抗大小 D. 绝缘等级

61. 行程开关根据安装环境选择防护方式,如开启式或（　　）。

A. 防火式 B. 塑壳式 C. 防护式 D. 铁壳式
62. LED 指示灯的优点之一是（　　）。
A. 寿命长 B. 发光强 C. 价格低 D. 颜色多
63. 直流电动机结构复杂、价格贵、制造麻烦、维护困难，但是启动性能好、（　　）。
A. 调速范围大 B. 调速范围小 C. 调速力矩大 D. 调速力矩小
64. 直流电动机的转子由电枢铁心、（　　）、换向器、转轴等组成。
A. 接线盒 B. 换向极 C. 电枢绕组 D. 端盖
65. 直流电动机按照励磁方式可分他励、并励、（　　）和复励四类。
A. 电励 B. 混励 C. 串励 D. 自励
66. 直流电动机启动时，随着转速的上升，要（　　）电枢回路的电阻。
A. 先增大后减小 B. 保持不变 C. 逐渐增大 D. 逐渐减小
67. 直流电动机弱磁调速时，转速只能从额定转速（　　）。
A. 降低 50% B. 开始反转 C. 往上升 D. 往下降
68. 直流电动机的各种制动方法中，能够平稳停车的方法是（　　）。
A. 反接制动 B. 回馈制动 C. 能耗制动 D. 再生制动
69. 直流串励电动机需要反转时，一般将（　　）两头反接。
A. 励磁绕组 B. 电枢绕组 C. 补偿绕组 D. 换向绕组
70. 直流电动机滚动轴承发热的主要原因有（　　）等。
A. 轴承磨损过大 B. 轴承变形
C. 电动机受潮 D. 电刷架位置不对
71. 绕线式异步电动机转子串电阻启动时，启动电流减小，启动转矩增大的原因是（　　）。
A. 转子电路的有功电流变大 B. 转子电路的无功电流变大
C. 转子电路的转差率变大 D. 转子电路的转差率变小
72. 绕线式异步电动机转子串电阻分级启动，而不是连续启动的原因是（　　）。
A. 启动时转子电流较小 B. 启动时转子电流较大
C. 启动时转子电压很高 D. 启动时转子电压很小
73. 以下属于多台电动机顺序控制的线路是（　　）。
A. 一台电动机正转时不能立即反转的控制线路
B. Y–△启动控制线路
C. 电梯先上升后下降的控制线路
D. 电动机 2 可以单独停止，电动机 1 停止时电动机 2 也停止的控制线路
74. 多台电动机的顺序控制线路（　　）。
A. 既包括顺序启动，又包括顺序停止 B. 不包括顺序停止
C. 不包括顺序启动 D. 通过自锁环节来实现
75. 三相异步电动机的位置控制电路中，除了用行程开关外，还可用（　　）。
A. 断路器 B. 速度继电器 C. 热继电器 D. 光电传感器
76. 下列属于位置控制线路的是（　　）。

A. 走廊照明灯的两处控制电路 　　　　　　　B. 电风扇摇头电路
C. 电梯的开关门电路 　　　　　　　　　　　D. 电梯的高低速转换电路

77. 三相异步电动机能耗制动时，机械能转换为电能并消耗在（　　）回路的电阻上。
A. 励磁　　　　　　B. 控制　　　　　　C. 定子　　　　　　D. 转子

78. 三相异步电动机能耗制动的控制线路至少需要（　　）个按钮。
A. 2　　　　　　　B. 1　　　　　　　C. 4　　　　　　　D. 3

79. 三相异步电动机的各种电气制动方法中，能量损耗最多的是（　　）。
A. 反接制动　　　　B. 能耗制动　　　　C. 回馈制动　　　　D. 再生制动

80. 三相异步电动机电源反接制动的过程可用（　　）来控制。
A. 电压继电器　　　B. 电流继电器　　　C. 时间继电器　　　D. 速度继电器

81. M7130 平面磨床控制电路的控制信号主要来自（　　）。
A. 工控机　　　　　B. 变频器　　　　　C. 按钮　　　　　　D. 触摸屏

82. M7130 平面磨床控制线路中整流变压器安装在配电板的（　　）。
A. 左方　　　　　　B. 右方　　　　　　C. 上方　　　　　　D. 下方

83. M7130 平面磨床中，砂轮电动机和液压泵电动机都采用了（　　）正转控制电路。
A. 接触器自锁　　　B. 按钮互锁　　　　C. 接触器互锁　　　D. 时间继电器

84. M7130 平面磨床中，电磁吸盘 YH 工作后砂轮和（　　）才能进行磨削加工。
A. 照明变压器　　　B. 加热器　　　　　C. 工作台　　　　　D. 照明灯

85. M7130 平面磨床的 3 台电动机都不能启动的原因之一是（　　）。
A. 接插器 X2 损坏 　　　　　　　　　　　B. 接插器 X1 损坏
C. 热继电器的常开触点断开 　　　　　　　D. 热继电器的常闭触点断开

86. M7130 平面磨床中，砂轮电动机的热继电器经常动作，轴承正常，砂轮进给量正常，则需要检查和调整（　　）。
A. 照明变压器　　　B. 整流变压器　　　C. 热继电器　　　　D. 液压泵电动机

87. C6150 车床控制电路中有（　　）行程开关。
A. 3 个　　　　　　B. 4 个　　　　　　C. 5 个　　　　　　D. 6 个

88. C6150 车床的照明灯为了保证人身安全，配线时要（　　）。
A. 保护接地　　　　B. 不接地　　　　　C. 保护接零　　　　D. 装漏电保护器

89. C6150 车床主轴的转向与主轴电动机的转向（　　）。
A. 必然相同　　　　B. 相反　　　　　　C. 无关　　　　　　D. 一致

90. C6150 车床（　　）的正反转控制线路具有三位置自动复位开关的互锁功能。
A. 冷却液电动机 　　　　　　　　　　　　B. 主轴电动机
C. 快速移动电动机 　　　　　　　　　　　D. 润滑油泵电动机

91. C6150 车床控制电路中的中间继电器 KA1 和 KA2 常闭触点故障时会造成（　　）。
A. 主轴无制动 　　　　　　　　　　　　　B. 主轴电动机不能启动
C. 润滑油泵电动机不能启动 　　　　　　　D. 冷却液电动机不能启动

92. C6150 车床其他正常，而主轴无制动时，应重点检修（　　）。
A. 电源进线开关 　　　　　　　　　　　　B. 接触器 KM1 和 KM2 的常闭触点

186

C. 控制变压器 TC　　　　　　　　　　　D. 中间继电器 KA1 和 KA2 的常闭触点

93. Z3040 摇臂钻床主电路的 4 台电动机中,有（　　）台电动机需要正反转控制。
  A. 2　　　　　　　　B. 3　　　　　　　　C. 4　　　　　　　　D. 1

94. Z3040 摇臂钻床的摇臂升降电动机由按钮和接触器构成的（　　）控制电路来控制。
  A. 单向启动停止　　　B. 正反转点动　　　C. Y-△启动　　　D. 减压启动

95. Z3040 摇臂钻床中摇臂上升下降的控制按钮安装在（　　）。
  A. 摇臂上　　　　　　B. 立柱外壳上　　　C. 主轴箱外壳　　　D. 底座上

96. Z3040 摇臂钻床中利用（　　）实行摇臂上升与下降的限位保护。
  A. 电流继电器　　　　B. 光电开关　　　　C. 按钮　　　　　　D. 行程开关

97. Z3040 摇臂钻床中摇臂不能升降的原因是摇臂松开后 KM2 回路不通时,应（　　）。
  A. 调整行程开关 SQ2 位置　　　　　　　B. 重接电源相序
  C. 更换液压泵　　　　　　　　　　　　D. 调整速度继电器位置

98. 光电开关的接收器根据所接收到的光线强弱对目标物体实现探测,产生（　　）。
  A. 开关信号　　　　　B. 压力信号　　　　C. 警示信号　　　　D. 频率信号

99. 光电开关可以非接触、（　　）地迅速检测和控制各种固体、液体、透明体、黑体、柔软体、烟雾等物质的状态。
  A. 高亮度　　　　　　B. 小电流　　　　　C. 大力矩　　　　　D. 无损伤

100. 当检测高速运动的物体时,应优先选用（　　）光电开关。
  A. 光纤式　　　　　　B. 槽式　　　　　　C. 对射式　　　　　D. 漫反射式

101. 高频振荡电感型接近开关主要由感应头、振荡器、（　　）、输出电路等组成。
  A. 继电器　　　　　　B. 开关器　　　　　C. 发光二极管　　　D. 光电三极管

102. 高频振荡电感型接近开关的感应头附近有金属物体接近时,接近开关（　　）。
  A. 涡流损耗减少　　　B. 振荡电路工作　　C. 有信号输出　　　D. 无信号输出

103. 接近开关的图形符号中有一个（　　）。
  A. 长方形　　　　　　B. 平行四边形　　　C. 菱形　　　　　　D. 正方形

104. 当检测体为（　　）时,应选用高频振荡型接近开关。
  A. 透明材料　　　　　B. 不透明材料　　　C. 金属材料　　　　D. 非金属材料

105. 选用接近开关时应注意对工作电压、（　　）、响应频率、检测距离等各项指标的要求。
  A. 工作速度　　　　　B. 工作频率　　　　C. 负载电流　　　　D. 工作功率

106. 磁性开关可以由（　　）构成。
  A. 接触器和按钮　　　　　　　　　　　B. 二极管和电磁铁
  C. 三极管和永久磁铁　　　　　　　　　D. 永久磁铁和干簧管

107. 磁性开关中的干簧管是利用（　　）来控制的一种开关元件。
  A. 磁场信号　　　　　B. 压力信号　　　　C. 温度信号　　　　D. 电流信号

108. 磁性开关的图形符号中,其菱形部分与常开触点部分用（　　）相连。

A. 虚线 B. 实线 C. 双虚线 D. 双实线

109. 磁性开关用于（　　）场所时应选金属材质的器件。
A. 化工企业 B. 真空低压 C. 强酸强碱 D. 高温高压

110. 增量式光电编码器主要由（　　）、码盘、检测光栅、光电检测器件和转换电路组成。
A. 光电三极管 B. 运算放大器 C. 脉冲发生器 D. 光源

111. 增量式光电编码器每产生一个（　　）就对应于一个增量位移。
A. 输出脉冲信号 B. 输出电流信号 C. 输出电压信号 D. 输出光脉冲

112. 可以根据增量式光电编码器单位时间内的脉冲数量测出（　　）。
A. 相对位置 B. 绝对位置 C. 轴加速度 D. 旋转速度

113. 增量式光电编码器根据信号传输距离选型时要考虑（　　）。
A. 输出信号类型 B. 电源频率 C. 环境温度 D. 空间高度

114. 增量式光电编码器配线延长时，应在（　　）以下。
A. 1 km B. 100 m C. 1 m D. 10 m

115. 可编程控制器采用了一系列可靠性设计，如（　　）、掉电保护、故障诊断和信息保护及恢复等。
A. 简单设计 B. 简化设计 C. 冗余设计 D. 功能设计

116. PLC 的组成部分不包括（　　）。
A. CPU B. 存储器 C. 外部传感器 D. I/O 口

117. 可编程控制器系统由基本单元、（　　）、编程器、用户程序、程序存储器等组成。
A. 键盘 B. 鼠标 C. 扩展单元 D. 外围设备

118. FX2N 系列可编程控制器定时器用（　　）表示。
A. X B. Y C. T D. C

119. 可编程控制器通过编程可以灵活地改变（　　），达到改变常规电气控制电路的目的。
A. 主电路 B. 硬接线 C. 控制电路 D. 控制程序

120. 在一个程序中，同一地址号的线圈（　　）次输出，且继电器线圈不能串联只能并联。
A. 只能有 1 B. 只能有 2 C. 只能有 3 D. 无限

121. FX2N 系列可编程控制器光电耦合器的有效输入电平形式是（　　）。
A. 高电平 B. 低电平 C. 高电平或低电平 D. 以上都是

122. 可编程控制器的存储器（　　）使用锂电池作为后备电池。
A. EEPROM B. ROM C. RAM D. 以上都是

123. 可编程控制器在 STOP 模式下，执行（　　）。
A. 输出采样 B. 输入采样 C. 输出刷新 D. 以上都执行

124. PLC 在（　　）阶段把逻辑解读的结果，通过输出部件输出给现场的受控元件。
A. 输出采样 B. 输入采样 C. 程序执行 D. 输出刷新

125. 可编程控制器停止时，（　　）阶段停止执行。

A. 输出采样　　　　　B. 输入采样　　　　　C. 程序执行　　　　　D. 输出刷新

126. 用PLC控制可以节省大量继电器、接触器控制电路中的（　　）。
A. 交流接触器　　　　　　　　　　　　B. 熔断器
C. 开关　　　　　　　　　　　　　　　D. 中间继电器和时间继电器

127. （　　）是PLC主机的技术性能范围。
A. 行程开关　　　　　B. 光电传感器　　　C. 温度传感器　　　D. 内部标志位

128. FX2N可编程控制器DC输入型，可以直接接入（　　）信号。
A. 外部DC 24 V　　　　　　　　　　　B. 4～20 mA电流
C. AC 24 V　　　　　　　　　　　　　D. DC 0～5 V电压

129. FX2N可编程控制器（　　）模块输出反应速度比较快。
A. 继电器型　　　　　　　　　　　　　B. 晶体管和晶闸管型
C. 晶体管和继电器型　　　　　　　　　D. 继电器和晶闸管型

130. FX2N-20MT可编程控制器表示（　　）类型。
A. 继电器输出　　　　　　　　　　　　B. 晶闸管输出
C. 晶体管输出　　　　　　　　　　　　D. 单结晶体管输出

131. 对于PLC晶体管输出模块，在带感性负载时，需要采取（　　）的抗干扰措施。
A. 在负载两端并联续流二极管和稳压管串联电路
B. 电源滤波
C. 可靠接地
D. 光电耦合器

132. 在FX2N PLC中，M8000线圈用户可以使用（　　）次。
A. 3　　　　　　　　　B. 2　　　　　　　　C. 1　　　　　　　　D. 0

133. PLC控制程序，由（　　）部分构成。
A. 一　　　　　　　　　B. 二　　　　　　　　C. 三　　　　　　　　D. 无限

134. （　　）是可编程控制器使用较广的编程方式。
A. 功能表图　　　　　B. 梯形图　　　　　　C. 位置图　　　　　　D. 逻辑图

135. 在FX2N PLC中，T200的定时精度为（　　）。
A. 1 ms　　　　　　　B. 10 ms　　　　　　C. 100 ms　　　　　　D. 1 s

136. 对于简单的PLC梯形图设计，一般采用（　　）。
A. 子程序　　　　　　B. 顺序控制设计法　　C. 经验法　　　　　　D. 中断程序

137. 三菱GX Developer PLC编程软件可以对（　　）PLC进行编程。
A. A系列　　　　　　　B. Q系列　　　　　　C. FX系列　　　　　　D. 以上都可以

138. 将程序写入可编程控制器时，首先将（　　）清零。
A. 存储器　　　　　　B. 计数器　　　　　　C. 计时器　　　　　　D. 计算器

139. 晶体管输出型可编程控制器所带负载只能是额定（　　）电源供电。
A. 交流　　　　　　　B. 直流　　　　　　　C. 交流或直流　　　　D. 高压直流

140. 可编程控制器在硬件设计方面采用了一系列措施，如对干扰的（　　）。
A. 屏蔽、隔离和滤波　B. 屏蔽和滤波　　　　C. 屏蔽和隔离　　　　D. 隔离和滤波

141. PLC 外部环境检查时，当湿度过大时应考虑安装（　　）。
   A. 风扇　　　　　　B. 加热器　　　　　　C. 空调　　　　　　D. 除尘器
142. 根据电动机正反转梯形图，下列指令正确的是（　　）。
   A. ORI Y002　　　B. LDI X001　　　C. ANDI X000　　　D. AND X002
143. FX 编程器的显示内容包括地址、数据、工作方式、（　　）情况和系统工作状态等。
   A. 位移储存器　　　B. 参数　　　　　　C. 程序　　　　　　D. 指令执行
144. 检查电源电压波动范围是否在 PLC 系统允许的范围内，否则要加（　　）。
   A. 直流稳压器　　　B. 交流稳压器　　　C. UPS 电源　　　　D. 交流调压器
145. 变频器是通过改变交流电动机定子电压、频率等参数来（　　）的装置。
   A. 调节电动机转速　　　　　　　　B. 调节电动机转矩
   C. 调节电动机功率　　　　　　　　D. 调节电动机性能
146. 电压型逆变器采用电容滤波，电压较稳定，（　　），调速动态响应较慢，适用于多台电动机传动及不可逆系统。
   A. 输出电流为矩形波或阶梯波　　　B. 输出电压为矩形波或阶梯波
   C. 输出电压为尖脉冲　　　　　　　D. 输出电流为尖脉冲
147. 在通用变频器主电路中的电源整流器件较多采用（　　）。
   A. 快恢复二极管　　B. 普通整流二极管　C. 肖特基二极管　　D. 普通晶闸管
148. 富士紧凑型变频器是（　　）。
   A. E1S 系列　　　　　　　　　　　B. FRENIC – Mini 系列
   C. G11 系列　　　　　　　　　　　D. VG7 – UD 系列
149. 基本频率是变频器对电动机进行恒功率控制和恒转矩控制的分界线，应按（　　）设定。
   A. 电动机额定电压时允许的最小频率　　B. 上限工作频率
   C. 电动机允许的最高频率　　　　　　　D. 电动机的额定电压时允许的最高频率
150. 变频器常见的各种频率给定方式中，最易受干扰的方式是（　　）方式。
   A. 键盘给定　　　　　　　　　　　B. 模拟电压信号给定
   C. 模拟电流信号给定　　　　　　　D. 通信方式给定
151. 变频调速时电压补偿过大会出现（　　）情况。
   A. 负载轻时，电流过大　　　　　　B. 负载轻时，电流过小
   C. 电动机转矩过小，难以启动　　　D. 负载重时，不能带动负载
152. 变频器所采用的制动方式一般有能耗制动、回馈制动、（　　）等。
   A. 失电制动　　　　B. 失速制动　　　　C. 交流制动　　　　D. 直流制动
153. 变频器的控制电缆布线应尽可能远离供电电源线，（　　）。
   A. 用平行电缆且单独走线槽　　　　B. 用屏蔽电缆且汇入走线槽
   C. 用屏蔽电缆且单独走线槽　　　　D. 用双绞线且汇入走线槽
154. 可用于标准电路和内三角电路的西门子软启动器型号是（　　）。
   A. 3RW30　　　　　B. 3RW31　　　　　C. 3RW22　　　　　D. 3RW34

155. 变频启动方式比软启动器的启动转矩（　　）。
   A. 大 B. 小 C. 一样 D. 小很多

156. 软启动器的功能调节参数有运行参数、（　　）、停车参数。
   A. 电阻参数 B. 启动参数 C. 电子参数 D. 电源参数

157. 水泵停车时，软启动器应采用（　　）。
   A. 自由停车 B. 软停车 C. 能耗制动停车 D. 反接制动停车

158. 软启动器的（　　）常用于短时重复工作的电动机。
   A. 跨越运行模式 B. 接触器旁路运行模式
   C. 节能运行模式 D. 调压调速运行模式

159. 接通主电源后，软启动器虽处于待机状态，但电动机仍"嗡嗡"声。此故障不可能的原因是（　　）。
   A. 晶闸管短路故障 B. 旁路接触器有触点粘连
   C. 触发电路不工作 D. 启动线路接线错误

160. 软启动器内部发热主要来自晶闸管组件，通常晶闸管散热器的温度要求不高于（　　）。
   A. 120 ℃ B. 100 ℃ C. 60 ℃ D. 75 ℃

二、判断题（第161～200题。将判断结果填入括号中。正确的填"√"，错误的填"×"。每题0.5分，满分20分）

161. （　）企业文化对企业具有整合的作用。

162. （　）在职业活动中一贯地诚实守信会损害企业的利益。

163. （　）办事公道是指从业人员在进行职业活动时要做到助人为乐，有求必应。

164. （　）领导亲自安排的工作一定要认真负责，其他工作可以马虎一点。

165. （　）三相异步电动机具有结构简单、价格低廉、工作可靠等优点，但调速性能较差。

166. （　）三相异步电动机的定子由机座、定子铁心、定子绕组、端盖、接线盒等组成。

167. （　）读图的基本步骤包括看图样说明、看电路图、看安装接线图。

168. （　）双极型三极管的集电极和发射极类型相同，因此可以互换使用。

169. （　）当三极管的集电极电流大于它的最大允许电流 I_{cm} 时，该管必被击穿。

170. （　）稳压是在电网波动及负载变化时保证负载上电压稳定。

171. （　）一般万用表可以测量直流电压、交流电压、直流电流、电阻、功率等物理量。

172. （　）螺丝刀是维修电工最常用的工具之一。

173. （　）选用绝缘材料时应该从电流大小、磁场强弱、气压高低等方面来进行考虑。

174. （　）劳动安全是指生产劳动过程中，防止危害劳动者人身安全的伤亡和急性中毒事故。

175. （　）直流双臂电桥有电桥电位接头和电流接头。

176. （   ）信号发生器的振荡电路通常采用 RC 串并联选频电路。

177. （   ）手持式数字万用表又称为低挡数字万用表，按测试精度可分为三位半、四位半。

178. （   ）示波器的带宽是测量交流信号时，示波器所能测试的最大频率。

179. （   ）逻辑门电路的平均延迟时间越长越好。

180. （   ）三端集成稳压器件分为输出电压固定式和可调式两种。

181. （   ）单相桥式可控整流电路电感性负载，控制角 α 的移相范围是 $0°\sim 90°$。

182. （   ）熔断器用于三相异步电动机的过载保护。

183. （   ）低压断路器类型的选择依据是使用场合和保护要求。

184. （   ）交流接触器与直流接触器可以互相替换。

185. （   ）△连接的异步电动机可选用两相结构的热继电器。

186. （   ）控制变压器与普通变压器的不同之处是效率很高。

187. （   ）时间继电器的选用主要考虑以下三方面：类型、延时方式和线圈电压。

188. （   ）压力继电器与压力传感器没有区别。

189. （   ）三相异步电动机的转向与旋转磁场的方向相反时，工作在再生制动状态。

190. （   ）同步电动机本身没有启动转矩，不能自行启动。

191. （   ）M7130 平面磨床的主电路中有三个接触器。

192. （   ）Z3040 摇臂钻床的主轴电动机由接触器 KM1 和 KM2 控制正反转。

193. （   ）Z3040 摇臂钻床中行程开关 SQ2 安装位置不当或发生移动时会使摇臂正常锁写。

194. （   ）光电开关在结构上可分为发射器与接收器两部分。

195. （   ）光电开关的抗光、电、磁干扰能力强，使用时可以不考虑环境条件。

196. （   ）磁性开关一般在磁铁接近干簧管 10 cm 左右时，开关触点发出动作信号。

197. （   ）在变频器实际接线时，控制电缆应靠近变频器，以防止电磁干扰。

198. （   ）变频器由微处理器控制，可以显示故障信息并可自动修复。

199. （   ）不宜用软启动器频繁地启动电动机，以防止电动机过热。

200. （   ）一台软启动器只能控制一台异步电动机的启动。

中级维修电工理论知识模拟试卷（参考答案）

一、单项选择题（第1～第160题。选择一个正确的答案，将相应的字母填入题内的括号中。每题0.5分，满分80分）

1. C	2. A	3. C	4. D	5. C	6. B
7. B	8. D	9. B	10. D	11. A	12. A
13. D	14. B	15. A	16. A	17. D	18. D
19. D	20. A	21. B	22. B	23. A	24. B
25. D	26. D	27. B	28. A	29. A	30. B
31. B	32. D	33. A	34. A	35. C	36. C
37. A	38. B	39. D	40. D	41. C	42. C
43. C	44. A	45. D	46. C	47. B	48. D
49. C	50. C	51. D	52. C	53. B	54. D
55. B	56. D	57. B	58. D	59. B	60. A
61. C	62. A	63. A	64. C	65. C	66. D
67. C	68. C	69. A	70. A	71. B	72. B
73. D	74. A	75. D	76. C	77. D	78. A
79. A	80. D	81. C	82. D	83. A	84. C
85. D	86. C	87. D	88. B	89. C	90. C
91. A	92. D	93. A	94. C	95. C	96. C
97. A	98. A	99. D	100. B	101. B	102. C
103. C	104. C	105. C	106. D	107. A	108. A
109. D	110. D	111. A	112. D	113. A	114. D
115. C	116. C	117. C	118. C	119. D	120. A
121. B	122. C	123. D	124. D	125. C	126. D
127. D	128. A	129. B	130. D	131. B	132. D
133. C	134. B	135. B	136. C	137. D	138. A
139. B	140. A	141. C	142. C	143. D	144. B
145. A	146. B	147. B	148. A	149. C	150. B
151. A	152. D	153. C	154. C	155. A	156. B
157. B	158. C	159. C	160. D		

二、判断题（第161～第200题。将判断结果填入括号中。正确的填√，错误的填×。每题0.5分，满分20分）

161. √   162. ×   163. ×   164. ×   165. √   166. √
167. √   168. ×   169. ×   170. √   171. ×   172. √
173. ×   174. √   175. √   176. √   177. √   178. √
179. ×   180. √   181. √   182. ×   183. √   184. ×
185. ×   186. ×   187. √   188. ×   189. ×   190. √
191. ×   192. ×   193. ×   194. ×   195. ×   196. ×
197. ×   198. ×   199. ×   200. ×

附录 B 中级维修电工操作技能模拟试卷

试题 1 Z3040 摇臂钻床电气控制电路故障检查、分析及排除

B.1.1 解答要求

（1）考试时间：60 分钟。

（2）考核方式：实操 + 笔试。

（3）试卷抽取方式：考生随机抽取故障序号。

（4）本题分值：35 分。

（5）具体考核要求：Z3040 摇臂钻床电气控制电路（见图 B–1–1）故障检查、分析及排除。

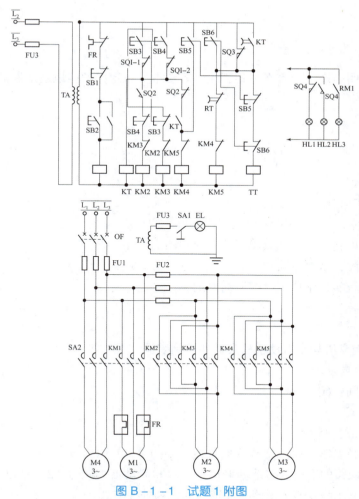

图 B–1–1 试题 1 附图

B.1.2　笔试部分

（1）正确识读给定的电路图，叙述如何保证电动机 M2 的正反转接触器不会同时通电。

答：

（2）正确使用工具，简述冲击电钻装卸钻头时的注意事项。

答：

（3）正确使用仪表，简述兆欧表的使用方法。

答：

（4）安全文明生产，回答在三相五线制系统中应采用保护接地还是保护接零？

答：

B.1.3　操作部分

排除 3 处故障，其中主电路 1 处，控制回路 2 处。

（1）在不带电状态下查找故障点并在原理图上标注。

（2）排除故障，恢复电路功能。

（3）通电运行实现钻床电气控制线路的各项功能。

试题 2　三相交流异步电动机软启动器控制装调

B.2.1　解答要求

（1）考试时间：60 分钟。

（2）考核方式：实操 + 笔试。

（3）本题分值：35 分。

（4）具体考核要求：按照电气安装规范，如图 B-2-1（a）所示，正确完成三相异步电动机软启动器线路的安装、接线和调试，要求软启动器如图 B-2-1（b）所示，以点动方式启动，点动电压为 45%U，停止设定为键盘和外控方式。

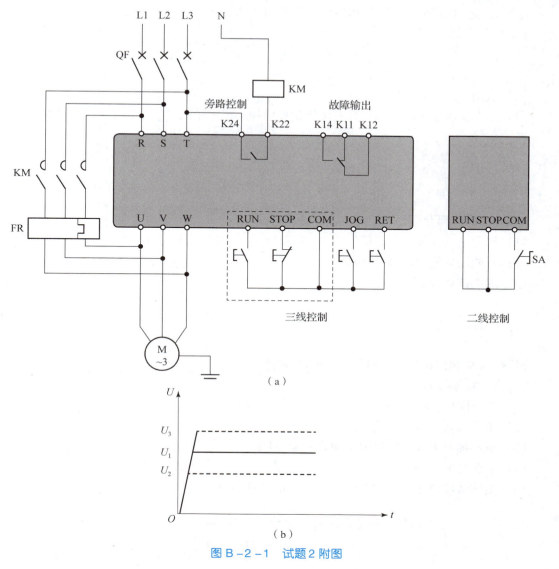

图 B-2-1 试题 2 附图

B.2.2 笔试部分

（1）正确识读给定的电路图，叙述接触器 KM 的作用。

答：

（2）正确使用工具，简述剥线钳使用注意事项。

答：

（3）正确使用仪表，简述钳形电流表的使用方法。
答：

（4）安全文明生产，回答在邻近可能误登的构架或梯子上，应悬挂什么文字的标示牌？
答：

B.2.3 操作部分

（1）按照电气安装规范，依据图 B-2-1（a）正确完成软启动器线路的安装和接线。
（2）正确设置软启动器的参数。
（3）通电试运行。

试题3 单相双向晶闸管电路的测量与维修

B.3.1 解答要求

（1）考试时间：60 分钟。
（2）考核方式：实操 + 笔试。
（3）试卷抽取方式：考生随机抽取故障序号。
（4）本题分值：30 分。
（5）具体考核要求：单相双向晶闸管电路（见图 B-3-1）的测量与维修。

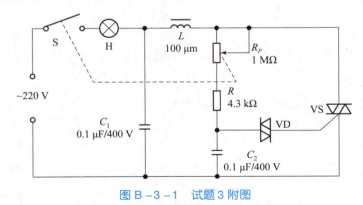

图 B-3-1 试题3附图

B.3.2 笔试部分

（1）正确识读给定的电路图；写出下列图形文字符号的名称。

L（   ）；H（   ）；C_1（   ）；
VS（   ）；VD（   ）。

（2）正确使用工具，简述电烙铁使用注意事项。
答：

（3）正确使用仪表，简述万用表检测无标志二极管的方法。
答：

（4）安全文明生产，回答合闸后可送电到作业地点的刀闸操作把手上应悬挂什么文字的标示牌？
答：

B.3.3 操作部分

排除 3 处故障，其中线路故障 1 处，元器件故障 2 处。
（1）在不带电状态下查找故障点并在原理图上标注。
（2）排除故障，恢复电路功能。
（3）通电运行，实现电路的各项功能。

中级维修电工操作技能考核评分记录表

总成绩表

序号	试题名称	配分/分	得分/分	权重	最后得分	备注
1	Z3040 摇臂钻床电气控制电路故障检查、分析及排除	35				
2	三相交流异步电动机软启动器控制装调	35				
3	单相双向晶闸管电路的测量与维修	30				
	合计	100				

计分人： 年 月 日